积极思考的艺术

TEN POWERFUL PHRASES FOR POSITIVE PEOPLE

[美] 理查 · 狄维士（Rich DeVos）◎著　魏平◎译

中信出版集团 · 北京

图书在版编目（CIP）数据

积极思考的艺术 /（美）理查·狄维士著；魏平译. --北京：中信出版社，2018.5（2020.1重印）

书名原文：TEN POWERFUL PHRASES FOR POSITIVE PEOPLE

ISBN 978-7-5086-8851-0

I. ①积… II. ①理…②魏… III. ①成功心理－通俗读物 IV. ①B848.4-49

中国版本图书馆CIP数据核字（2018）第069729号

Ten Powerful Phrases for Positive People by Richard M. DeVos
Copyright © 2008 by Richard M. DeVos
Simplified Chinese translation rights © 2018 by CITIC Press Corporation.
All rights reserved.
本书仅限中国大陆地区发行销售

积极思考的艺术

著　　者：[美] 理查·狄维士
译　　者：魏　平
出版发行：中信出版集团股份有限公司
　　　　　（北京市朝阳区惠新东街甲4号富盛大厦2座　邮编　100029）
承 印 者：北京诚信伟业印刷有限公司

开　　本：880mm×1230mm　1/32　　印　　张：5　　字　　数：77千字
版　　次：2018年5月第1版　　印　　次：2020年1月第2次印刷
京权图字：01-2008-5241　　广告经营许可证：京朝工商广字第8087号
书　　号：ISBN 978-7-5086-8851-0
定　　价：38.00元

版权所有·侵权必究
如有印刷、装订问题，本公司负责调换。
服务热线：400-600-8099
投稿邮箱：author@citicpub.com

谨以此书献给比利·兹奥理

目录

Contents

推荐序

工作了大半辈子，我见过许多才华横溢、能干精明的同事，他们既有大本领，也有大脾气。在一个又一个的成功事迹背后，他们也得罪了一批又一批的同事、战友，最终他们的路越走越窄，他们心生怨恨，有志难酬。

英文里有一句话，意思是你做事情的最终结果与在此过程中所获得的人际关系一样重要。你如果把事情做完了，结果不错，而且在过程中也与同事建立了更深厚的友谊，那么下一件事情你可以更容易做成，能获得更好的结果。反之，你尽管这件事做成了，但在过程中你得罪了身边的人，人际关系变得糟糕了，那么下一件事情要做成，你就要花更大的力气。这样下去你的路就会越走越窄了。

我也见过许多领导者，自身的专业能力不十分出众，却能召集一群贤能志士，无怨无悔地甘心为他干活儿，与这样的人相处共事，如沐春风。造成这种差别的原因就在这本书中。

狄维士的这本书，不是教你如何有做事的大本领，而是教你如何让人在与你共事时如沐春风。

在我与安利公司、与狄维士相交数十年期间，我深刻地理解与感受到，这位老人在书中所说的不是大道理，他说的正是他一辈子所做的。在全球范围内，安利公司也把他的信念当作企业的价值观进行推广。

社会上有些人曾批评安利人，说我们是“无可救药的乐观主义者”，这种乐观甚至到了无视现实的地步。对此我坦然接受。我们相信积极正面的想法、鼓舞人心的言辞与行动，它们永远比尖酸刻薄的批评，比冷冰冰的“忠告”，能激励更多的生命，成就更多人的事业。“信心比黄金更重要”，不是吗？

有一句话：“成功，就是简单的事情重复做。”它不能概括成功所涉及的全部原因，但在很多情况下，它是正确的。如果将人的一生进行拆分，我们会得到成千上万个片段：行为的片段、语言的片段、思维的片段、情感的片段。正是这些看似琐碎，或者在当时看似无意义的细节，不断地决定着你和周遭人群、环境所发生的关系，左右着你下一秒钟的人生方向！这种静悄悄的演进方式，中国人可能将它称为“因果”，西方人则称为“蝴蝶效应”。

十种自我驱动的力量，在你人生的每一个片段中都会发挥作用，积累数十年，它们会带给你不一样的人生。

刘明雄

安利大中华市场及公共事务副总裁

序

2006年80岁生日的时候，我曾经把时光飞逝形容为“80年如10秒钟”。80年听起来很长，但是你到了我这个岁数就不会这么认为了。不过，重要的不是时光流逝得多么迅速，而是我们是否能够明智地利用上帝赐给我们的时间。

经历了80年的风风雨雨之后，我已经能冷静地思考并且感谢上帝对我的庇佑了，我想这绝不是“幸运”两个字可以概括的。我回顾上天赐予我的几项重要礼物，惊讶地发现它们之间存在着密切的联系。

我成长于一个物质生活贫乏但充满爱意的家庭，家人互相鼓励的氛围让我明白，最宝贵的事物莫过于对彼此的爱和对上帝的虔诚信仰。基督教家庭、基督教教堂和基督教学校都让我受益匪浅。我和妻子海伦结婚至今已有50多年，养育了4个儿女，并且有幸和他们、他们的伴侣以及16个孙子、孙女共享天伦之乐。我一直生活在这个充满爱意的大家庭中，并且努力抓住每个机会告诉我的妻子、儿女和孙辈，他们对我多么重要。

保持积极的态度并且鼓励他人是我生活中另外一个重要课题。我的亲密朋友比利·兹奥理身体力行，向我证明了用简单的话语保持积极的态度并且帮助他人保持积极态度的价值。其实我也非常清楚这些话语的威力，但是他的表达方式更加清晰明了，因此我决定直接采用他的表达。

本书的宗旨就是帮助大家牢牢记住并且频繁使用这些话语，从而让大家成为懂得如何激励他人的人。

美国佛罗里达州劳德代尔堡市珊瑚脊长老会已故的詹姆斯·肯尼迪博士过去经常对我说：“你是我认识的最积极的人。”我对此评价十分感激，因为这正是我孜孜以求的目标。他非常清楚我很欣赏他的工作，并且鼓励他继续自己的事业。事实上做到这一点并不是那么困难。只要下定决心，我们所有人都可以成为充满积极力量的人。从第一次演讲开始，我就下决心讲述我们这个世界上美好的事物，而不是挑它们的毛病。我要使更多人的生活更加多姿多彩。

因此我借用了比利的一些表达，又加上了我的一些创意，我希望大家也能够学会互相鼓励。我真正的目的是希望它们可以帮助你成为一个积极的人，并且使你能够帮助他人改善他们的生活观。如果我们都能够做到这一点，那么我相信我们一定可以大大改善我们的家庭、社区，乃至整个世界。

感谢大家选择了本书，你们让我大受鼓舞。练习这些话语吧，和生命中最重要的人一起学习。其中的一些话语可能一开始难以启齿，但是不断地练习它们，可以让你受益匪浅。我相信我们都有能力使我们的社会和世界变得更加积极。真诚地祝福大家！

理查·狄维士

前言

积极思考的艺术

2007年，我有幸获得了诺曼·文森特·皮尔积极思考奖。20世纪40年代，在我和好友杰·温安洛共同创建纽崔莱营养食品公司的初期，我就曾读过诺曼·文森特·皮尔的《积极思考的力量》（*The Power of Positive Thinking*）一书，我们还曾多次邀请皮尔博士在纽崔莱的销售会议上发表演讲，因此我们对彼此相当熟悉。

皮尔在读大学的时候还相当羞涩，当时一位大学教授鼓励他相信自己，最终他提出了“积极思考”的概念。他曾经说过，自己的幸福正是他关心不幸人群的主要原因。他苦恼地发现，不幸的人并没有运用自己全部的创造力来摆脱不幸，整个社会也因此深受其害。因此他决定改变这一状况，他通过演讲和写作与大家分享自己的想法。

一年一度的诺曼·文森特·皮尔积极思考奖是为表彰那些“怀有崇高信仰，深切关心人民，致力于改善世界，并且身体力行，体现了积极思考的力量”的人。我不知道自己是否已经达到了这种高度，但这些话的确非常契合我写作本书的目的。

自从记事起，我就是一个非常积极的人。尽管童年时我经历了美国经济大萧条，但孩提时代的我仍然十分快乐。我一生都在努力地激励他人发挥自己的才能，实现自己的潜力。身为安利公司的创始人之一，我已经鼓励了世界各地成千上万名有志于实现自己事业梦想的安利人。我还是奥兰多魔术队的啦啦队队长，并且担任我的家乡密歇根州大急流城的社区管理者，帮助大急流城不断发展前进。

我深切地意识到，积极思考是培养领导力和取得事业发展的关键。不管作为公司领导者还是家长，你都会发现积极思考具有传染性，并且是变革的有力催化剂。

虽然在大萧条中失去了工作，我的父亲仍然十分积极，并且不断地给予我鼓励。我就是在这样的氛围中成长的。我和杰·温安洛的目标十分简单，就是创建一个自己的公司，不管遇到什么挫折都矢志不渝。有一次我们租了一个可容纳 200 人的礼堂，打算为健康产品招聘销售商，结果只来了两个人！但是我们仍然保持着积极的心态，最终公司的发展远远超出了我们的想象。人们经常夸赞我们的成绩，然而我们没有时间来回顾自己的成就，因为我们一直忙于下一步的计划。

尽管有时候人们的确需要发泄，但是人们更容易被积极人士吸引和引导。迄今为止，听过我演讲的人至少可以坐满一个足球场了，但在最初的时候，我的听众只有 40 名会计。在安利公司创建初期，一位下属邀请我发表演讲。在构思演讲内容的时候，我提笔草草写下了公司发展初期所有积极的方面。

然而，我所见过的其他许多演讲者都在挑这个世界的毛病，他们似乎想通过这种方式来证明自己的聪明才智。这就是他们进入名利场的敲门砖，他们总能使自己成为某方面的“批评专家”。而我告诉那些会计，我并不打算做一个批评家，我要向他们讲的是在美国发生的积极的事情。

在那次演讲之后，我还把这些积极的信息传达给了许多其他群体。随着我演讲次数的增多，人们的反应也越来越强烈。我发现，听众都喜欢我提醒他们如何在自己和他人的生活中寻找积极因素，他们也很喜欢我提醒他们这样做。

于是，我的演讲在全美巡讲了上千次，而且还被录成了磁带。我也因此获得了自由基金会所颁发的亚历山大·汉密尔顿经济教育奖。我发现，关于积极的话题，我讲得越多，人们就越愿意听。

也许正是因为这个世界上传递消极信息的人太多了，所以人们对积极信息是这般如饥似渴。随便找份报纸看看上面的读者来信吧，挑毛病是人的本能，这也许是因为我们所接受的教育要求我们具有挑剔的眼光吧。我们知道，如果一件事情美妙得不像真的，那它可能的确不是真的。

我希望本书能够鼓励人们在生活中寻找积极的事物。这需要一些精力和训练，但是只要付出了努力，任何人都能够取得丰硕的成果。积极的态度是一种选择，就像是为了避免麻烦而走到马路对面或者是在感觉自己走错方向的时候掉头一样。

一旦我们做出了这一选择，积极就会成为一种习惯。比如，当我们遇到某人的时候，我们就会在倾听的过程中注意他所做的事情中的积极方面，并且相信他迟早也会发现。你如果愿意，就总能听到一些好事情，因为所有人都会乐意说些大话。因此我们如果对他人的事情表现出兴趣，就会发现其中的积极因素，然后我们就可以对他说："你可以做到！""谢谢你！""我真为你骄傲！"这些话语会自然而然地从你口中说出。

积极的心态既可以改变你的思维方式，也可以使你学会提升别人的精神状态。开始寻找积极的事物之后，你就会觉得一切事物都变得美好起来，包括你自己和你正在做的事情。而所有自信都来源于在各种事情中寻找积极因素的习惯。这样一来，你能发现自己的积极方面，人们也会意识到你的优点并且表扬你。你也会感觉到幸福和满足。

中学毕业的时候，我的一位教《圣经》的老师给我写了一句让我终生难忘的评语，其实就是一句鼓励的话："送给一位在基督教领域有领导潜力的英俊青年。"他的话虽然很简单，但是对于年轻的我来说这是莫大的鼓励，因为当时的我并不是一个好学生，人们甚至说我不是上大学的料，然而我敬佩的老师却认为我有领导才能！哇！在此之前我从来没有这样看待过自己。

你看，一句简单的话语可以改变一个人的一生。因此，很多问题的实质在于，你所传达的是什么样的话语，以及你所听到的是什么样的话语。你要为人们营造一个消极的环境，还是一个鼓励的氛围呢？你会打击他们，还是提升他们的精神状态呢？于我而言，我决心要做一个丰富他人生活的人，一个努力提升他人精神状态的人。这很简单，就像说出下面几句话一样简单："我为你骄傲。""我需要你。""我相信你。""我爱你。"对于一些人来说，这些话可能会改变他们的一生。因此，你的习惯用语中不能没有它们。

本书中的原则适用于所有人，对有志于走向领导岗位的人尤其有益。向积极人生迈出第一步是伟大领导者的必备条件之一。不管你是公司领导者、教师、教练，还是父母、祖父母，这些强大的话语都会对你有帮助。

想想那些因为积极的态度而成绩斐然的领导者吧。我们能记住的美国总统都是那些面对艰难处境仍旧乐观积极的人。比如，在第二次世界大战的艰难时期，富兰克林·罗斯福的"炉边谈话"就从来没有出现过消极的故事。约翰·肯尼迪知道自己必须为美国开创积极的事业，因此他大声疾呼："让我们登上月球！"他为美国设立了"前进、超越、进取"的梦想。美国人接受了这一目标，并于1969年实现了它。在罗纳德·里根任美国总统期间，美国面临的问题也非常棘手，但他讲的都是非常有趣的故事。

领导者尤其需要培养这些素养，学习说出这些话语，从而实践积极的艺术。领导力正是我们最欠缺的能力之一。我们需要那些无论形势多么艰难，都能够站出来完成任务的人，他们为我们树立了积极的榜样。

我还从亲身经历中体会到，人们可以共同努力，以便在社区中营造积极的氛围。最近几年，我的家乡大急流城中的积极人士已经帮助它取得了惊人的进步。几年前，在庆祝大急流城会议中心落成的晚宴上，我曾经发表过一次演讲。我提醒大家，我们正身处“宜人”的气候中。在场的人可能都大吃一惊，因为当天晚上正下着大雪，寒风刺骨。但是我指的并不是真正的天气，而是心态积极的人共同改善社区状况的良好氛围。我们共同努力建造了这个令人惊叹的会议中心：社区领导者宣传这个想法，政府和捐助人提供资金，商人用他们的经验和智慧实现了这个想法，还有一些被忽略的人——为 2 500 名客人高效、及时地送上热腾腾饭菜的服务员。

如果我们把眼光放到社区之外，态度积极的美国公民同样会对整个美国，甚至对世界产生相同的影响。如果所有人都停止抱怨和挑剔，开始采取乐观的态度，寻找美好的事物，并且学会彼此赞美，那么我们的社会肯定会发生巨变，我们所有人的精神状态都会得到提升。我们会更加努力地工作，更加严密地思考，提出更多想法，拥有更多梦想，为社会做出更大贡献，对自我和整个世界怀有更美好的期待。当我们无法发现彼此或者其他事物的优点时，我们的国家和社会都会深受其害。美国的国会和总统应该有好的想法，做正确的事情，但是目前美国两党的政治家似乎难以对对方说出鼓励的话语。如果我们互相攻击，而不是进行正常的辩论或者提出建设性的批评，那么这样的文化是无法容纳这些积极话语的。

我非常喜欢《新约全书·腓立比书》中的句子:“凡是真实的、可敬的、公义的、清洁的、可爱的、有美名的,若有什么德行,若有什么称赞,这些事你们都要思念。”想象一下,如果所有人都能用心记住这句话,我们的世界将会变得多么美好!这就是我写作本书的原因,也是我认为积极信息为何在当今社会如此重要的原因。

在我看来,鼓励人们培养积极态度的一个简单方法就是使用这些积极人士常用的话语。这些话语并不深奥,也不惊天动地,但这正是它们的美妙之处。这些普通得毫不起眼的话语蕴含着巨大的力量,一旦被释放出来,它们可以大大改善我们的人生。但是,本书的内容不局限于这些话语。积极的人生态度可以改变我们自身、改变我们的社区,甚至改变我们整个国家和世界。我真诚地相信我们的国家现在需要一次复兴。我们需要改变自己对积极思考和积极行动的态度,因为它们可以让我们为了共同的利益而一起奋斗。

就像那些鼓舞人心的美国总统和所有伟大的领导者一样,你也可以力挽狂澜,可以鼓励人们打起精神、勇往直前。我坚信本书的内容对于今天的社会来说至关重要。任何一个社会都需要有能够鼓励、激发他人,为他人喝彩的人。他们是这个世界运转的动力,你也可以成为他们中的一员!

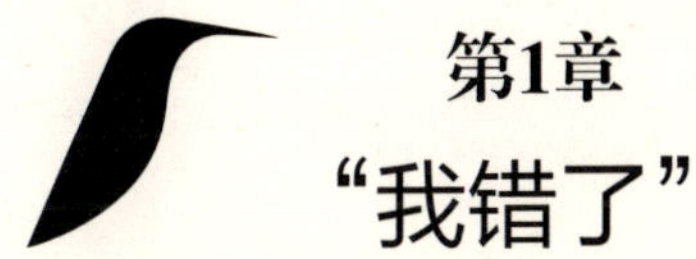

第1章 “我错了”

承认自己的错误会威胁到你的权威、信誉和形象，但是生活中大多数有价值的东西都是需要冒险才能得到的。

决定我们生活状态的不是我们如何迎接那些好日子，而是如何对待那些坏运气。

我之所以把“我错了”放在第一条，是因为它是令我最难以启齿的。我们很难承认自己的错误，更不要说把它大声说出来了，特别是在面对那些我们最为关切或者最希望得到对方关切的人时。我是在多年前我妻子海伦做白内障手术的时候，才明白这个道理的。医生当时说她可以在手术那天早晨再来医院，并且当天就可以回家。我非常乐意接受这个安排，但是海伦说：“不，我不想这么匆忙，我要提前一天来这里。我希望休息一下，接受护理，而且我不想在手术之前早起，再匆忙赶到医院。”

我们很难承认自己的错误，更不要说把它大声说出来了，特别是在面对那些我们最为关切或者最希望得到对方关切的人时。

想到提早住院给我带来的麻烦，我低声抱怨：这既耗费时间又浪费钱。但是海伦还是提前一天住了院。第二天，医生说我可以在消毒之后观看整个手术过程。于是，我通过一个放大仪器看到医生以非常精准的手法取出旧的晶状体，然后把新的人工晶状体装入眼球中。在观看的过程中，我突然意识到这是多么重大的一件事情，海伦是多么需要身心的休息，而我在此之前只考虑了自己的感受，只想尽量缩短在医院的时间。于是手术之后，我向海伦道歉，告诉她我错了，她是对的。其实这样的事情已经发生过很多次，因为她非常聪明，而我经常犯错。但是至少我明白了一点：我们如果一开始就能重视他人的想法，就很少有机会把自己推向必须要道歉的境地了。

如果“我错了”不是发自内心的，那它一点意义都没有。发自内心的道歉需要我们做出真正深刻的改变，因为我们必须接受自己会犯错这一事实。我们尽管不乐意，但还是要承认，犯错是人类的天性，所有人都会犯错。我们还要意识到：向别人承认自己的错误，可能会给他们的生活带来积极的影响。

公开承认错误不仅可以表达我们做出改变的意愿，而且可以激发他人朝着积极的方面转变。积极的影响来源于承认错误。“我错了”，这三个字可以帮助我们培养积极的态度。积极还是消极的氛围取决于我们是否承认错误，因此，你如果错了，就大声说出来！

> 公开承认错误不仅可以表达我们做出改变的意愿，而且可以激发他人朝着积极的方面转变。

令我忧心忡忡的是，现在想要找

出一些因为没有人愿意说“也许我错了，你才是对的”这句话而导致公司消极氛围的例子太容易了。在工会谈判、国会辩论或者家庭争执之后的饭桌上，这样的话语会产生什么样的效果？我的亲身体验告诉我，承认错误可以大大化解消极的气氛。

对于处于领导地位的人来说，承认自己的错误尤为困难。人们总是认为领导者都拥有远见卓识，并且思考缜密，能够为其他人指明前进的道路。不幸的是，领导者有时候也必须承认自己的错误。作为公司的创始人之一，我不得不时常吃惊地面对这一现实。我经常会提出一种新的方法或者推出新的产品，我自信已经考虑到了方方面面，当有人问起：“你考虑过这个吗？”“你考虑过那个吗？”我的第一反应都是：“哦，当然，当然。”但是仔细回想一下，我发现我可能并没有考虑过，我完全把它忽略了！拥有不同视角的其他人发现了我从来没有考虑过的问题。

在这种情况下，我们通常有两种选择：要么维持你的自尊，不承认自己的疏忽；要么直截了当地说“你是对的！我错了！不知怎么回事我疏忽了”。只有承认自己的错误才能够纠正它，才能共同找出解决的方法。承认错误提供了从错误中学习、向别人学习的机会，征求员工的意见并不会令人感觉尴尬。

我从一开始就决定承认自己的错误，因此在安利公司创业初期，我就已经感受到了员工意见的价值以及定期开会的重要性。我们把这些会议称为“畅所欲言”大会。每隔几个月，我们会从每个部门挑选一名代表单独来见我。他们可以问我任何问题，提任何建议，甚至对我发牢骚——任何牢骚都可以，大到公司的体制问题，小到自动售货机中的食物等。

“畅所欲言”这种方式让我们的管理者明白：我们并不知道所有问题的答案，我们也会犯错误，而且我们尊重他们的意见。我们会根据在会议上员工提出的意见对公司的各方面进行改进。这样，即使我们向员工承认错误也并不会感到尴尬。这是我们所做出的最明智的商业决策。

“畅所欲言”这种方式让我们的管理者明白：我们并不知道所有问题的答案，我们也会犯错误，而且我们尊重他们的意见。

顽固地坚持自己的想法会使你与朋友或家人产生隔阂。有时候，力求正确的想法会带来毫无意义的争论。我和杰·温安洛的友谊与商业合作已经持续几十年了，如果没有办法在重要目标和商业决策上达成一致，我们是不可能做到这一点的。因为杰比我年长，因此在董事会中，他是主席，我是总裁。我们商议好，商业决策必须得到我们共同的赞成。

在安利公司创业初期，我非常想拥有一辆豪华车。我们所赞助的销售商开的都是凯迪拉克汽车，而我和杰还在开普利茅斯和迪索托。大急流城市区的一家汽车销售商那里有一辆非常漂亮、雅致的帕卡德轿车，我很想拥有它。我没有征求杰的意见就为公司买下了它。后来，我觉得必须要为此道歉，杰却没在意。他说：“没关系，你已经做出了决定，享受吧。”我实现了自己的心愿，却违反了必须共同决定公司资金支出的规定。

那么究竟怎样的商业决策曾经让我们发生过争执呢？信不信由你，我们的矛盾是由一个小问题引起的，针对的是在20世纪80年代初开业的安利大广场饭店的顶层餐厅就餐人士的着装风格问题。这么小的一个决定却导致了我们最大的一次分歧。

天鹅餐厅位于市中心新饭店的26层，是大急流城第一家精品餐厅。我们的分歧就在于就餐的客人是应该穿正式的服装，比如男士穿西服、打领带，还是营造一个宽松的氛围，以招揽更多的生意。这是使我们在漫长的合作中唯一使用了自己否决权的事情。幸运的是，我们的友谊牢不可破，天鹅餐厅的事情也就这样过去了。但是，更琐碎的争论也有可能侵蚀，甚至结束友谊或家庭关系。对于大多数人来说，承认错误就意味着伤害自己的骄傲和自尊，“我错了”是大多数人最难说出口的话。

但是，随着年纪增长，承认错误就没有那么困难了，因为人们希望的只是自己的成就多于错误，而且也不再那么脆弱、那么容易受伤了。上了年纪之后，人们已经犯过了一些错误，而且已经向自己和他人表明自己不够完美。而在年轻时，在需要努力树立自己形象的时候，人们是害怕承认错误的。事实上，承认错误是对自我和他人的释放，是成熟的

> 承认错误是对自我和他人的释放，是成熟的标志。

标志。承认错误是力量的表现，它表明了我们谦逊的姿态。人们欣赏谦虚的人，没有人喜欢自以为是的家伙。

说出“我错了”也是修复人际关系的第一步。孩子偷拿饼干被发现后的第一反应是否认、为自己辩解、找借口。和孩子一样，我们的第一反应也是极力为自己辩解，而不是向自己或者别人承认错误。其实，否认和辩解都是没有任何意义的，只有当我们更加重视修复与他人的关系，而不是为自己辩解的时候，我们才真正成熟了。明白“人非圣贤，孰能无过”这个道理可以让我们在犯错误的时候不那么难受。承认错误是弥补我们造成的伤害的唯一途径。没有它，伤口可能永远也无法愈合。

> 错误是不可避免的，否认它只会带来傲慢和冲突。

错误是不可避免的，否认它只会带来傲慢和冲突。我们都不是完人，也不必试图做完人。完美主义者需要在所有方面都做到完美。但是谁能达到这样的标准呢？嘲笑错误，嘲笑自己吧！高傲自大只能让你止步不前，但是正直和谦虚可以引领你走向成功。

承认错误不仅可以治疗精神上的伤痛，而且可能治愈身体上的伤痛。医学界关于身体和精神健康之间密切联系的例子越来越多。我不是医生，但我相信认错、原谅他人、接受自己可以大大减轻焦虑，而焦虑对我们的身体是非常有害的。当我们从压力中释放出来，不再担心自己是否一贯正确或者别人会怎么看我们的时候，我们的精神和身体很可能都会舒服得多。因此在承认错误的时候，我会尽量诚恳。如果别人是对的，我是错的，那么我会公开承认。而且，告诉别人他们是对的和承认自己是错的同样重要。

我们都必须意识到，即使我们犯了错误，大部分人也是能够在心底原谅，甚至忘记这些错误的。作为回报，在别人犯错的时候，我们也要原谅他们。我所能想到的最好的例子就是杰拉尔德·福特。美国前总统福特于2006年圣诞节的第二天去世，从此我失去了一位好友，我们的国家失去了一位令人崇敬的领袖。福特是在我的家乡大急流城长大的，他是全美冠军球队密歇根大学橄榄球队的明星球员，后来他还曾担任过多年国会议员。当我的这位朋友兼邻居成为美国总统时，我由衷地感到激动和骄傲，但他的葬礼则让我伤心不已。

他是一个谦虚的人，他宣称自己在总统任期内一直听从上帝的引导，他去世之后的报道也证明了这一点。他的正直和信仰在他赦免前总统尼克松的时候得到了最充分的体现。福特总统知道赦免尼克松可能会危及自己1976年的总统竞选，但是他还是做了自己认为正确的事情。在发表全国演讲解释这件事情的时候，福特总统说：“如果自己无法对他人表现出公正和仁慈，那么自己也无法指望上帝对自己公正和仁慈。”为了国家的利益，他超越了政治分歧和个人利益，选择了宽恕和遗忘。福特总统比大多数美国人提前意识到：国家的前途比一位前总统的命运重要得多。

憎恨是对精力的浪费。耶稣告诉我们：要原谅自己的敌人。我们需要原谅自己，上帝会宽恕我们忏悔的所有罪行。我可以想象福特总统在总统办公室内的情形，他竭力想要抚慰我们的国家，推动我们的国家继续前进。他最后的结论是，作为一个基督教徒和领导者，唯一的选择就是通过宽恕来忘记过去，放眼未来。我们也可以做出相同的选择。积极的未来比我们对他人可能怀有的愤恨，或者对自己过去的错误所产生的负罪感更重要。

在做自我介绍的时候，我经常说："我只是一个被宽恕所拯救的罪人。"这一习惯开始于20年前，当时我被邀请前往一家豪华饭店向一群严肃的底特律商人介绍我成功的经验。大部分听众除了我的商业成就之外，对我几乎一无所知。主持人花了很长时间赞扬我创建了一家国际公司的业绩，还介绍了我获得的奖项、担任的董事会职务、获得的荣誉博士学位等，这些成绩听上去简直没有尽头。在我最终走向讲台时，我首先感谢了他的慷慨介绍，但是随后我告诉听众，他们应该知道真正的我，"我只是一个被宽恕拯救的罪人"。我随口说出的这句话就这样被刻在心里。从此以后，我经常用这句话来介绍自己，因为我把自己的信仰看作生命中最宝贵的财产。

我的童年是在密歇根州度过的，那里的冬天经常下大雪。我还记得大雪几乎覆盖了路灯，覆盖了路面。冬天当人们早晨醒来的时候，外面已经是一个银装素裹的世界。刚刚落下的洁白的雪花让我们明白，为什么赞美诗作者在请求宽恕的时候，会把雪作为纯洁的象征。我们很难想象有什么东西比朝阳照耀下的白雪更加纯净。但是，不管过去我们做过什么让我们后悔、羞愧的事情，上苍的宽恕都会使我们比雪花还要纯洁。

“我错了”这句话对积极的人有着巨大的威力，因为它可以消除紧张关系带来的痛苦、推进谈判的进程、结束争执、修复人际关系，甚至可以把敌人变成朋友。对于大多数人来说，它是一种冒险。承认自己的错误会威胁到你的权威、信誉和形象，但是生活中大多数有价值的东西都是需要冒险才能得到的。

我经常把航海经历作为冒险的例子，站在岸上是永远学不会航海的。我经常告诉大家在“二战”结束之后，我和杰如何把公司卖掉然后买了一艘旧木船的故事。我们从康涅狄格州出发，沿着海岸线朝着我们的目的地——南美洲进发，虽然我们两个在此之前都没有过航海的经验。一路上我们经常迷路、绕圈子，有一次偏离航程太远，还麻烦海岸警卫队来搜救。我们这艘经常漏水的小船最终在古巴海岸散了架，但是我们还是通过借助其他的交通工具到达了拉丁美洲，学到了宝贵的一课：你自信地承担风险、奋勇向前，就会成功。如果一直等到拥有你认为需要的所有知识和经验再开始行动的话，你就永远学不会冒险，不会达成目标。

安利公司首次在海外设立分公司——澳大利亚分公司的时候就冒着巨大的风险，当时我向独立销售商发表了主题为“乘风破浪”的演讲。我的意思是在人生的航行中，风可能来自不同的方向，有时候你站在顺风的方向，有时候站在逆风的方向。成功与否取决于我们如何应对不同风向的风。那时我经常在密歇根湖上航行。西风比较温和，我就随着微风而行。偶尔它会转为东风，这时我就知道自己要准备好迎接变幻莫测的天气了。如果潮湿天气之后，密歇根湖上刮起西北风，湖水动荡不安，我就必须知道如何掌控船只。

对于我来说，不管遇到什么样的风都有希望。风总会给水面上的我们带来许多麻烦，生活也是如此。这些环境的变化可以击垮我们，也可以成就我们。决定我们生活的并不是我们如何迎接那些好日子，而是如何对待那些坏运气。如果船只遇到麻烦，水手就会进行调整。在那些我们犯了错误的时刻，我们需要调整自己的思维，接受自己的错误，思考最佳的解决方法。鼓起勇气说出“我错了”就是应对困难形势的第一步。虽然这样做有风险，但是其收益更加可观，试着说出“我错了”吧，这样你才能真正体会到它的威力。

> 人生苦短，几个简单的字就可以平复伤痛、恢复关系，所谓的自尊又算得了什么？

我简直无法想象自己会因为固执或者担心无法说出“我错了，你是对的”，“我很抱歉，请原谅我”，而危害到我与家人或者朋友的关系。人生苦短，几个简单的字就可以平复伤痛、恢复关系，所谓的自尊又算得了什么？

在我们寻求积极人生的过程中，“我错了”可以改变我们的态度、改善我们的人际关系。当你犯错的时候，我们意识到错误很难，承认错误更难，但是再难我们也必须要做到。你是否曾经心里知道错了，却从来没有真正向自己或别人承认过？如果你告诉你应该告诉的人“我错了，你是对的”会怎么样？尝试一下吧。你会发现它并没有你想象的那么可怕，而且会越来越容易。

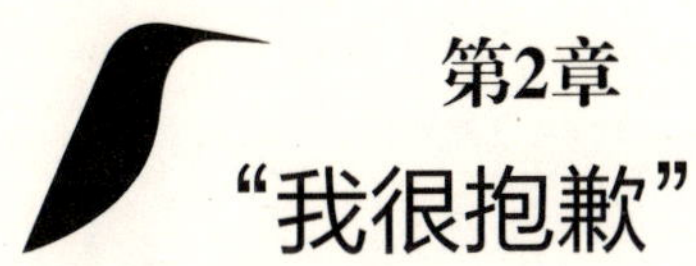

第2章
“我很抱歉”

“我很抱歉”四个字在生活中威力无穷。说出这四个字将释放你心灵的负担，也会改善你身边人的生活。

仅仅说“我错了，你是对的”是不行的。我们必须要让对方知道我们为自己所做的事情从心底感到抱歉。

在说“我错了”的时候一定要真心感到抱歉才行。在犯错误的过程中，我们可能伤害了别人，因此承认错误绝不能只是形式上的，仅说“我错了，你是对的”是不行的。如果我们错怪了某人或者对他做了不应该做的事情，那么他一定会怒气冲冲。我们必须要让他知道我们为自己所做的事情从心底感到抱歉。为自己辩解很容易，但是一旦我们决定道歉，许多问题都会随之消失，所有的愤怒和恶意都会逐渐消散。这种积极的效果远比损害自己形象所冒的风险大得多。

我的小儿子德年轻的时候就多次听过我用“我错了”“我很抱歉”等话语来结束充满争论的演讲。就像我在演讲中指出的那样：“说出‘我错了’‘我很抱歉’的美妙之处在于，它们能够迅速地结束争论。一旦对方承认了错误并且道歉，我们还有什么好说的呢？”一天晚上，到了我规定的最晚回家时间，德还没有回来，随着时间一分一秒地过去，我越来越焦躁不安。我打算等他一进门就骂他一顿。门终于开了，德悄悄溜进来，看到我正在等他。他知道自己回来晚了，而且他能够看出我脸上的怒气，但是他没有找任何借口，他脱口而出："爸爸，我错了，我很抱歉。"虽然我一直怒火中烧，但是在德承认错误并且道歉之后，我还能说什么呢？而且我认为他说这些话的时候是很真诚的——至少在当时是这样的！

"我错了"和"我很抱歉"总是形影不离，它们是相当有威力的话语。"我很抱歉"是"我错了"的结束语，但它也是独立的。就像"我错了"一样，我们一开始也是很难说出口的，因此你需要学习。

美国的许多政治家和名人都应该好好学习说这两句话。你上一次听到他们因为自己的草率或者错误而公开道歉是什么时候？他们更善于用语言来捍卫自己的立场。不管是陷入丑闻中的总统、议员，还是做出违法或者不当行为的摇滚明星、运动员，我们从他们口中听到的都是外交辞令和种种辩解，一句简单的"我很抱歉"，除非被逼上绝路，鲜有出现。而事实是，如果他们能够迅速而且真诚地道歉，美国公众会欣赏他们的谦逊，同情、原谅并且很快遗忘他们的错误。简单的几个字就可以让他们避免曝光丑闻。

如果我们选择了消极的道路，那么捍卫自己的立场、用语言来掩盖错误、谴责他人、逃避责任都是有可能发生的，这些行为会导致我们的社会走向消极。其实这种消极的趋势在当

如果我们选择了消极的道路，那么捍卫自己的立场、用语言来掩盖错误、谴责他人、逃避责任都是有可能发生的。

今美国的领导者中并不罕见。道德是美国的立国之本，我们的领导过去都是通过深思熟虑的辩论和对共同利益的更高追求来进行决策的。为了找到最佳的解决方法，人们欢迎并尊重不同意见。各个政党可能在如何达到国家目标方面有分歧，但是他们最终都认为自己是美国人，任何一个政党的成员都可以提出值得思考和尊敬的想法。

但是以我和政府打交道的经验来看，我们现在似乎已经不再欢迎辩论。共和党和民主党都希望把本党派的方式作为唯一的方式。民主党人不会为共和党总统说一句好话。共和党人也认为民主党的提案一文不值。而事实是，两个政党都有一些有价值的观点。我们必须能够欣赏对方的观点，愿意做出妥协以促成一些积极的立法。

说出“我很抱歉”意味着我们能够注意到他人的观点，愿意与他人保持友好关系，能够保持谦虚的心态，看到他人的优点。道歉是我们在理解他人感受之后所做出的必然决定。我们不应该仅仅把道歉看作承认错误，它还对我们伤害的那个人有利，并且对他的生活产生积极影响。

> 说出“我很抱歉”就意味着我们能够注意到他人的观点，愿意与他人保持友好关系，能够保持谦虚的心态，看到他人的优点。

20世纪80年代，我被华特·迪士尼的话深深打动，并且把这些话作为一篇演讲的基调。迪士尼说这个世界上有三种人：“往井水里下毒的人”，他们总是批评，想要让人们崩溃而不是振作；“修剪草坪的人”，这些人能够做好自己的工作、按时纳税、照顾自己的家庭，但是从来不超越自己的范围去帮助别人；“促进他人生活的人”，他们用自己友善的语言和行动来改善他人的生活，使自己生活的世界更加美好。

在演讲的结尾我还引用了伊丽莎白·巴拉德在1976年所写的汤普森小姐的故事。想要阅读全文的话，你可以看一看查尔斯·斯温德尔的《弃俗寻真——品格的追寻》（*The Quest for Character*）一书。简单来说，这是一位老师和一个因家境窘迫而在同学中不受欢迎、没人关心的学生的故事。开始的时候，看到他糟糕的成绩和邋遢的样子，汤普森小姐也不喜欢他，直到圣诞节这一切才发生了变化。

其他学生送给汤普森小姐的都是自己家长购买的崭新的礼物，而这个学习不好又不受欢迎的孩子送的却是一串俗气的水晶手链和母亲过世前用的廉价香水。其他孩子都嘲笑他的礼物，汤普森小姐却戴上手链、喷上香水，并且夸奖了他的礼物。那天晚上，汤普森小姐在祈祷的时候，请求上帝原谅自己忽视了这个没人疼爱的孩子，并且发誓从那以后努力寻找这个孩子身上的优点。最终，这个孩子从医学院毕业，他们之间的友谊也越来越深厚。在他的婚礼上，他还邀请汤普森小姐坐在自己已经过世的母亲本该坐的位子上。

和仁慈的撒马利亚人的故事一样，汤普森小姐的故事也提醒我们要鼓舞他人。这个故事之所以扣人心弦，就是因为在日常生活中这样的事情太少了，大多数人在他人需要鼓励的时候都会选择回避。其实，我们可以用自己积极的态度和话语来与他们交流；我们不应该只捍卫自己的立场而谴责、批评他人的立场，而是要理解他们；我们不应该傲慢，而应该谦虚。这就是说出“我很抱歉”如此重要的原因。

在很多情况下我们并没有做错什么，但是我们也需要向他人表示歉意或难过的心情：“听到你失去了所爱的人，我很抱歉。”“听到你的病情，我十分难过。”“很抱歉，你没能够完成自己的奋斗目标。”当我们因别人痛失亲人而表示自己的哀悼或者对别人的困难表示同情的时候，抱歉就很好地表达了我们的理解与谦卑。

我们的后辈在成长过程中总会经历失望，这个时候我们的帮助可能尤其重要。从成人的角度来看，他们面临的一些问题可能并不严重，但是对于竭力想要证明自己、寻求认同或者避免尴尬的后辈来说，这些问题可能造成很大的伤害。有很多次，我从孩子的情绪或者行为中看出他们正经历某种挫折。毕竟不是每个孩子都是明星。有些时候我们可以搂着他们说：“我很抱歉这一次你没能达到你的目标，但我为你的尝试感到自豪。继续努力吧，因为我知道你可以做到。”

我们的后辈在成长过程中总会经历失望，这个时候我们的帮助可能尤其重要。

当你不能做到某件事情或者答应某个请求时，你也需要说“我很抱歉”。这和前面的情况大不相同：我为自己不能做的事情感到抱歉——“我很抱歉不能参加你的晚会”，或者“我真的很抱歉昨天晚上无法和你共进晚餐”。我们必须满怀爱意和歉意地说：“很抱歉我没有去。”

我有很多孙子、孙女、外孙、外孙女，他们的活动使我的日程安排得满满的。作为爷爷，当自己不能参加他们的活动时，我会感到非常不安，因此我必须经常说抱歉。我每天的日程表最上方都是我的孙辈在当天的活动。即使我无法参加某活动，我也会打电话或者送张贺卡给他们，让他们明白我在想着他们，我为他们感到骄傲，并且很抱歉不能和他们在一起。这种说抱歉的方式甚至还为我提供了另外一个与孙辈交流的机会。我向他们说“我很抱歉”还意味着我了解他们。因此，当我不得不缺席的时候，至少我让他们知道我的心和他们在一起，并且我为自己无法亲自到场感到遗憾。

在对自己过去所犯的错误、所做的失误的判断、没有抓住的机会或者没有尽力去完成应该完成的任务而感到抱歉的时候，我们也需要向自己和别人坦白承认。比如，我们在公司发展的过程中没有更努力地推进自由企业制度，我为此感到抱歉。也许其他的商界人士也有同感，我们都因为没有谨慎地保护美国公民所享受的自由和自由企业的基本地位而痛心不已。我为当时我们没有更加强硬感到很抱歉，甚至有些负罪感。

在对自己过去所犯的错误、所做的失误的判断、没有抓住的机会或者没有尽力去完成应该完成的任务而感到抱歉的时候，我们也需要向自己和别人坦白承认。

努力去尝试，即使失败，也比事后的抱歉要好得多。即使我们的冒险不成功，但我们也得到了经验、开阔了视野，我们得到的东西也许已经超出预料。我和杰曾经开过一家餐馆，虽然后来它倒闭了，但是至少我明白了两件事情：一是通过开餐馆来挣钱太艰难了，这个生意绝对不适合我；二是每个人都应该尝试新事物，但是不能被失败击垮。

站在他人的角度理解问题是道歉的前提。这就意味着对他人感兴趣，包括那些和我们一点儿也不相同的人。大家都说我人缘很好，实际上，人缘好意味着你喜欢大家，努力去理解他们，表现出你对他们的兴趣，并且努力站在他们的角度看待问题。你如果不理解别人或者不理解他们的处境，就不可能真诚地说出抱歉或者表示同情。我去公司下属的饭店的时候，总是喜欢到厨房或者其他员工聚集的地方和大家打招呼，同时感谢他们的努力。我的奥兰多魔术队登场之前，我也喜欢在安利体育场内逛一逛，和员工们聊聊天。不管对方是邻居还是等待看病时身旁的病人，我都能很容易地迅速与他们搭上话，这让大家感到很惊奇。

我的孙辈大概永远也不会忘记我们在南太平洋塔希提岛附近的马克萨斯群岛度假的时光，当时我和那里一位住在海边棚屋的当地人交上了朋友，他开心大笑的时候，我们也只能看到他的两颗牙。他对这个小岛非常熟悉，因此，我请他带我们去一处很远的瀑布。到那儿之后，我们发现这个瀑布竟然是岛上最美的景色之一，如果没有他的帮助，我们是不可能到那里的。如果我不愿意和陌生人打交道，我们就永远不可能欣赏到如此美妙的景色了。

这就是“我很抱歉”在人际交往中的威力。这四个字让对方明白你理解他，并且真诚地想要弥补过失或者提供帮助。我们都曾有过这样的经历：在争执之后意识到自己错了，然后鼓起勇气和对方说“我很抱歉”；在葬礼现场努力找出恰当的话语安慰刚刚失去所爱之人的朋友；鼓励因为被拒绝而自信心遭受打击的朋友。

“我很抱歉”这四个字在生活中威力无穷。有时候说出这四个字可能并非易事，但是养成这个习惯不仅会改善你的生活，还可以改善他人的生活。你将不再竭力地为明知是错误的行为辩解。说出这四个字将会释放你心灵的负担。你的道歉将会改善对方的生活，因为说出“我很抱歉”这句话表明了你对他们的关心和重修旧好的意愿。

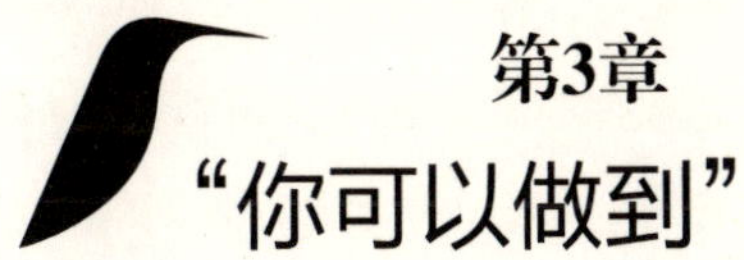

第3章 “你可以做到”

只要坚信“我可以做到”，你就会实事求是地估量前方的障碍，并且把它们看成需要克服的困难，而不是无所事事的理由。

一个心态积极的人可以影响他人，在积极的人周围，大家都会积极起来。

在最近的一次大学宴会上，一个学生问我："像我这样的年轻人最应该知道的事情是什么？"我告诉她："你需要培养'你可以做到'的哲学。不管你想做什么，你都可以成功。"听到我的话她似乎有些惊讶。也许以前从来没有人这样告诉过她，因此我很高兴有机会对一个年轻人施加一些积极的影响。

"你可以做到"是我生活中非常重要的一句话。要想让大家了解这句话的威力，最好的方式就是告诉大家一些我被"你可以做到"所激励的亲身经历。年轻的时候我很幸运，因为父亲经常用这句话来鼓励我。后来我又用它来激励世界各地的安利营销伙伴，因此它也成了我的招牌之一。我还经常对子女、孙辈和其他我关心并且希望看到他们激发自己潜力的人说这句话。"你可以做到"已经成为我们家的一句口号，我相信它对我的后辈产生了积极的影响。

我是在经济大萧条时期长大的，在那个艰难的时期，父母教我懂得：我能够做任何事情。由于父亲失业，我们被迫离开了我童年时度过美好时光的房子，搬进了我的爷爷奶奶家楼上的房间。我记得自己当时睡在房顶大梁的下面。在最恶劣的经济大萧条中，我们在那里度过了5年。但是对于年少的我来说，这一切并不算糟糕。我的表兄弟们就住在附近，当时路上没有太多汽车，因此我们可以在街上打球。如果球破了我们就缝上，再塞上破布——因为我们根本买不起新的。

当时我们经常为钱所困。我开始徒步送报纸挣钱，直到攒了足够的钱，买了一辆二手自行车。当时10美分就是相当大的一笔钱了。我还记得有个到我们家推销杂志的人，他因为卖不完最后一本就不能回家而号啕大哭。我的父亲老老实实地告诉他，我们家一分钱都没有。尽管如此，父亲还是继续鼓励他："你可以做到。"

我的父亲是一个非常积极的人，他相信积极思考的力量。尽管生活并不像自己所希望的那样成功，但他从不气馁，仍然宣传自己的这一理念。他经常告诉我："你是要做大事的。你将来肯定比我强。你会超越我，你会看到我从没有见过的世界。"

我的母亲承认开始的时候她并不很积极，但是在父亲去世后的一天，她告诉我："我已经决定在你来看我的时候乐观起来，因为你大老远地跑过来看我，不是来听我抱怨的。"因此从她下决心的那天开始，她就变得乐观起来。她实践了父亲的信念，她真的"做到"了。我真为她感到骄傲！这更加验证了我的想法：积极只是一个决定，如果我们关注生活和他人身上美好的一面，我们就可以做到我们想做的一切。它还表明：一个心态积极的人可以影响他人，在积极的人周围，大家都会积极起来。

> 一个心态积极的人可以影响他人，在积极的人周围，大家都会积极起来。

我非常幸运地在这样一种积极的氛围中长大。后来我在一篇演讲中赞扬了积极氛围的重要性——《3A：行动、态度和氛围》。我们都非常重视行动，但是行动来源于积极的态度，而积极的态度是在恰当的氛围中培养出来的。我是在亲密的家庭中、在充满爱意的气氛中成长的，我们在最艰难的经济大萧条时期仍然能够怡然自得，并且坚信明天会更好。我还有幸就读于一所私立学校——大急流市基督教中学。为了把我送进这所学校，我的父母努力工作，做出了巨大牺牲。但我在那里成绩平平，也就刚刚及格，这让我的父亲非常失望，于是他让我退学去一所公立职高学做电工。我很快就意识到了自己游手好闲的后果，于是我决定回到大急流市基督教中学，并且告诉父母我会自己打工来挣学费。第二次入学后，我就认真多了，成绩也提高得很快，甚至还在四年级时被选为班长。

直到今天，我都一直对能够有幸进入这所学校而心存感激，是它坚定了我在家庭中所学到的信念、乐观和努力。回到大急流市基督教中学并且自己付学费，是我做出的第一个重要决定。我知道自己不会满足于做一名电工，父亲对我的期望也许可以成为我生活中的一盏明灯。也就是在那所学校里，一位可敬的老师在年报上写下了我在前面所提到的、改变了我一生的话语：“送给一位在基督教领域有领导潜力的英俊青年。”这也是“你可以做到”的另一种表达。

也是在这所中学，我遇到了杰·温安洛，并且开始了我们一生的合作。杰的父亲拥有一家汽车销售店，因此杰在中学时就拥有一辆汽车。要知道我们整个学校只有两个学生能开上汽车。我到现在还记得放学后大家挤到杰的车上的情形：他的A款福特车的座椅、音箱椅都挤满了人，甚至连踏板上都站着人。我搭他的车上学，每星期付给他25美分。

我们在上学和放学路上畅谈对美好未来的设想，这为我们今后在事业上的合作打下了基础。我们深信自己可以做到我们梦想的事。回顾我的一生，创业、照顾家人、享受儿孙满堂的天伦之乐，都建立在坚信“你可以做到”的基础上。

我和杰在中学时就约定要共同创业。“二战”后，从海外服役归来之后，我们创建了一所飞行学校——虽然我们两个人都不懂飞行。我们还在没有任何餐厅经营经验的情况下开了当地第一家汽车餐厅。最终，在1959年，我们在自家地下室中开始了安利公司的业务。

我在这种积极的氛围中成长为一个心态积极的人。父亲鼓励的话语——“你可以做到”一直在我耳边萦绕，让我充满了自信。我的妻子海伦说我极具冒险精神，她把我带家人去她从来没有想过的地方旅行作为例子。其实我只不过是经常说：“让我们去那里吧，让我尝试一下这个吧。”我想，把生活看作冒险正是对坚信“你可以做到”的人们的最好描述。

> 把生活看作冒险正是对坚信“你可以做到”的人们的最好描述。

我从来没有想到自己会在商业上取得如此巨大的成功。这一经历中最宝贵的莫过于运用上帝所赐予的才能、为数以百万计的人提供商业机会、聘请数千名需要养家糊口的员工，以及通过慈善事业与海伦共享成功所带来的成就感。开车行驶在密歇根州亚达城郊区的一处高地上，你会看到绵延大约1英里[①]的安利工厂和办公楼，入口处飘扬着100多面已经设立了安利分公司的国家的国旗。这就是安利的世界总部。看到这一景象并且了解安利公司成就的人都会认为我和杰是两位具有雄才大略、设计了自己成功道路的商人。这真是扯淡！事实上，我们和别人一样，只是两个努力维持生计、养家糊口的家伙。我们从来没有想过自己有一天会拥有一家年销售额达到数十亿美元、在许多国家设有分公司、员工人数万余名的大公司。

我们很幸运能在积极的氛围中成长，并且拥有上帝赐予的才能。我们的事业让我们心中充满了“你可以做到”的鼓励，以及富有爱心、积极的父母和老师所灌输的信心。

“你可以做到”的信念始于一条非常简单的哲理。20世纪70年代初，我发表过一次主题为“尝试还是哭泣”的演讲。我曾经开玩笑地说

---

① 1英里=1.609 344千米。——编者注

> 我们可以把人分成两大类：一类是愿意尝试的人；另一类是不愿意尝试、宁愿坐在旁边为自己生活中所失去的东西哭泣并且批评别人的人。

自己所发表的演讲内容都是相同的，只不过标题不同而已。回顾那些演讲，我发现自己数十年来都在努力推动人们意识到积极的重要性。我告诉听众，我们可以把人分成两大类：一类是愿意尝试的人；另一类是不愿意尝试、宁愿坐在旁边为自己生活中所失去的东西哭泣并且批评别人的人。我还告诉大家，在我们生活的这个时代，批评别人不仅十分容易，而且很流行。

我还提醒听众注意我和杰所尝试的许多生意，以及我们在失败后如何继续努力：我们的飞行学校、汽车餐厅、桃花心木产品进口公司、自产自销摇动木马。“二战”后，飞行培训的市场并没有像人们预想中的那么火热。我们还曾扔掉许多在酷暑天气存放时间太久的汉堡包，因为我们不是专业的快餐厨师。制造玩具木马所留下的弹簧和木轮子也被我们储存了许多年。

然而我们一直在尝试。在创建安利的时候，我们对化学、制造、包装、工程或者人力资源都一无所知。第一次试用标签机的时候，墙上、地板上以及我们身上的标签比包装上的还要多。但是今天的安利已经拥有数千种产品、上万的员工以及世界各地数百万安利营销伙伴。

现在，“你可以做到”已经成为安利跨国公司的一个口号。在日本、中国或者其他设有安利分公司的亚洲国家，你会听到经销商大声对你说“你可以做到”，他们还请我在书上签名的同时写上“你可以做到”。它已经成为亚洲安利分公司的战斗口号。这句积极的话语走进了全世界缺少鼓励的人的心里。当安利在俄罗斯开设分公司的时候，他们邀请我从佛罗里达家中打电话过去，告诉在场的600多人：“你可以做到！”那里的员工告诉我，那是他们参加过的最具感染力的会议。这些俄罗斯人因为能够自由地拥有自己的生意、能够自由地为自己做事情而兴奋不已。事后他们告诉我，人们站在椅子上歌唱、欢呼，当时的氛围更像是在足球场，而不是身处销售会议。“你可以做到”的主题对他们的影响简直令人难以置信。

我在前面曾经提到过，“你可以做到”也是我的孩子们在成长过程中的主题。我经常告诉他们，他们可以做一切他们认为自己有能力做的事情，我和妻子会支持他们、相信他们、鼓励他们。

在我退休之后，我的大儿子狄克接替我担任了安利总裁一职。我完全退出，让他来管理公司。正是因为“你可以做到”的态度，狄克在全球范围内不断扩展业务。事实上，也正是这种态度使他在多年前就开始负责公司国际部。后来他开了自己的公司，2006年，他还决定竞选密歇根州州长。当他告诉我这个决定的时候，我说：“老天，这不是一个好时机吧？”我提醒他，民主党在该州占有很大优势，而且现任州长也是民主党人，竞选难度很大。他告诉我他很明白当前的局面，但是他仍坚信自己能够胜任州长的工作，并将坚持参加竞选。

投票截止的那天晚上，选票统计到10%的时候，狄克落后于现任州长。当他走进房间的时候，我们都尽量表现得乐观一些。他却宣布自己已经向州长打电话祝贺她的胜利。在我们都还心存希望的时候，狄克已经客观地研究了数据和各选区情况，意识到这场“比赛”已经结束了。

选举结束之后不久我去看他，他告诉我自己感觉棒极了。他说竞选的时候遇到了很多善良的人，他感觉非常快乐，这次体验非常美妙！尽管他在竞选中失利了，但他从来没有怀疑过自己的能力。他在所有事情中都展现了“你可以做到”的态度。

我的二儿子丹在安利公司担任了多年的管理人员，后来他决定自立门户。离开公司是个勇敢的决定，他拥有“你可以做到”的精神。现在他已经是数家公司的老板了。这又是“你可以做到”这句话威力的有力证据。

当我们需要一位家庭成员管理奥兰多魔术队的日常事务时，热衷于体育事业的女儿雪莉和女婿鲍勃决定站出来帮忙，他们到奥兰多居住了3年。他们在这方面都没有经验，但是他们都相信自己的能力。所以他们前往奥兰多接管了这支球队，在那里居住了3年之后又待了8年！他们也有“你可以做到”的态度，并且用实践证明了自己。

我的小儿子德在前往普渡大学学习工商管理的时候，就打算在毕业后能够经营安利——这正是他现在的工作。这还是“你可以做到”的心态的体现。他还加入了普渡大学橄榄球队，担任替补四分卫，充分显示了“你可以做到”所赋予他的自信。他开玩笑说自己在普渡大学橄榄球队只打过几场比赛，但他还是做到了！

作为父母，我们需要在家中营造积极的氛围。我们需要鼓励孩子，告诉他们自己有能力做任何想做的事情。我们需要教育孩子相信他们有非凡的能力和才能来改变世界。

> 作为父母，我们需要在家中营造积极的氛围。我们需要鼓励孩子，告诉他们有能力做任何想做的事情。

大约20年前，我着手合并大急流市两家最大的医院，这是我所做出的“你可以做到”的最重大的决定之一。这两家医院之间竞争激烈，只要其中一家设立新的部门，另外一家马上就会效仿，诸如此类的事情简直数不胜数。

后来，其中一家医院考虑异地重建。当时我是另外一家医院的董事会主席，于是我说：“在他们重建之前，我想我真的应该争取让两家医院合并。毕竟它们只相隔3英里，而且这样还能更好地为社区服务。”当时的总裁回答：“合并的事情以前也尝试过，你知道的。”我说我知道，但是现在时机变了，我想尝试一下。于是他同意了，成为第一个支持我的关键人物，要知道在这种时候，我们离不开他人的支持。我坐在那里想：“如果真的合并，这将是一项大工程。合并这两家医院也许会成为我尝试的最重大的事情！”

后来，我鼓励两家医院的董事会合作，而不是担心合并后每家医院在董事会中的席位各占多少，或者谁将担任新的总裁、董事会主席等。我们一点点前进，逐渐得到越来越多的人的赞同，直到最终实现了合并。这时美国联邦贸易委员会介入了此事，他们认为我们是在试图减少竞争。他们质问我，作为一个坚定的自由企业倡导者，我怎么能够支持限制竞争的事情。但是我告诉他们，公立医院和私立医院的情况是不一样的，最终他们也做出了对我们有利的判决。

这就是一个“你可以做到”的态度在面临巨大挑战的情况下仍然成功的例子。由于得到了两家医院的总裁和其他许多人的支持，现在这两家医院都比以往更加壮大，而且在服务社区方面各有所长。我们利用大量的设备和人员创造了卓越的医疗中心，并且形成了长达 1 英里的“医疗地带”，医疗行业也成为我们这个地区雇用员工最多的行业。

“你可以做到”也反映了我们生活中一直强调和坚持的美国精神和自由市场体系。我和海伦最近向位于弗农山庄的总统纪念馆捐款，希望这里的展览能够帮助我们的国家维护对乔治 · 华盛顿和其他为我们赢得自由的人的尊敬与感谢。这家博物馆为我们形象地展示了这位伟大的领导的生平，他在赢得独立战争胜利、建立美国这个国家中起到了至关重要的作用。华盛顿年轻的时候是一名勇敢的骑手，勇于征服自然。后来他成长为一位极富勇气的领导者，他英勇善战，并且最终建立了美利坚合众国，成为睿智的首任美国总统。而我作为一个商人，最感兴趣的莫过于他曾经在弗农山庄经营过的 6 处产业。

拜访里根牧场后我发现，这里充分体现了里根总统的美国精神以及个人奋斗、理想主义和勤奋努力的精神。我曾有幸被邀请参加过白宫晚宴，当时我发现如果有人向里根总统提出政治方面的问题，他的回答只有一个：“工作时间已经结束了。”然后他会用笑话来活跃气氛。他浑身散发着自信和乐观的气息，似乎从不知道疑惑或者担忧，他知道自己能够做到。里根总统最喜欢说的一句话“现在正是美国朝气蓬勃的清晨”，也正体现了这种乐观与自信。

里根总统最喜欢说的一句话“现在正是美国朝气蓬勃的清晨”，也正体现了这种乐观与自信。

有一次，我还有幸为艾伦·科普兰作曲的交响乐《林肯肖像》在大急流城的演奏担任解说员。也许你还没有听过这首曲子，它把亚伯拉罕·林肯的名言与激昂的音乐融合在了一起。林肯总统也是“你可以做到”精神的代表。他出生在印第安纳州空旷的平原上，他家的小木屋只有一个房间，生活十分贫困。尽管没有受过很多正规教育，他仍然被选为美国总统。在成为总统之前，他经营过一家商店，结果以失败告终。在竞选美国国会议员和众议院议员的时候，他也都失败过。

我们有这么多坚信“你可以做到”的总统一点儿都不奇怪，因为我们生活在一个以“你可以做到”的精神为骄傲的国家。第一批到达詹姆斯敦并且在那里定居的人面临着严寒和恶劣的野外环境的考验，他们当时肯定认为自己能够挺过来，否则他们不会远渡大西洋来到这里。我们的祖先还打败了世界上最强大的军事巨人——英国军队，赢得了独立。美国《宪法》的制定者们留下的宝贵财富已经让美国受益 200 多年。

我们还需要在所有人中培养这种“你可以做到”的态度。我们都接触过那些明显没有这种态度、总是消极、总在抱怨的人，我们都可以鼓励他人成为积极人士。我们积极的态度对保护机遇非常重要，只有在充满机遇的环境中，我们的子孙后代才可能有所作为。

创建安利公司的时候，我们想：开公司赚钱很正常，但是我们创业的终极目标是什么？我们的企业代表了什么？除了赚钱之外，它还有什么情感方面的驱动力吗？在考虑创建公司的时候，我们意识到这样的机会正是美国的一个根本特征，我们认为任何想要创业的人都应该有这样的机会。因此我们决定要捍卫自由市场体系。

“你可以做到”的精神逐渐在美国占据了上风，特别是在里根时期。就像我在前面提到的那样，罗纳德·里根就是一个“你可以做到”精神的代表，美国也成了一个充满“你可以做到”精神的社会。里根总统意识到，适当奖励以“你可以做到”为信念的人可以激发他们更大的能量，从而为那些总在说“我做不到”的人提供工作机会。在经济上帮助他人，其实就是一个创造更多工作机会，从而使失业率下降的事情。

适当奖励以“你可以做到”为信念的人可以激发他们更大的能量，从而为那些总在说“我做不到”的人提供工作机会。

我们需要鼓励和支持那些雄心勃勃、敢于冒险并且愿意通过努力工作来建立中小企业的人，因为正是他们为当今世界提供了如此多的就业机会。一点点鼓励所带来的巨大效果简直令人惊叹。

我一直在赞助一家名为“全球合作伙伴”的组织。这家机构的宗旨是帮助商人、农民和任何拥有自己产业的人与其他国家，通常是第三世界国家的人成为合作伙伴。该机构担任导师的角色，帮助对方获得更大的成功。

全球合作伙伴组织还有一个小额贷款部，帮助人们购买缝纫机、自行车修理机、拖拉机、更优质的犁等能帮助人们提高工作效率的机器。这一组织所赞助的大部分人都因为工作效率的提高而雇用了更多的员工。全球合作伙伴组织希望能够找到100万名导师。有趣的是，这些导师都认为：作为商人，他们有责任帮助其他合作伙伴。他们不仅是去教堂参加活动，而且亲自当起了传教士。接受过他们帮助的人感受到了非常明确的“你可以做到”的信息。他们都是以“你可以做到”为信念的人，他们依靠自身努力取得成功，并且聘请了其他受到激励的人。

以“你可以做到”鼓励他人和自己非常重要。有时候它是推动人们达成目标的唯一动力，下面就是一个例子。美国联邦税务局在安利公司派驻了专职官员。最初，我没有给他们单独的办公室，而是让他们在大厅里办公，我还经常拿这件事情同其中的一位官员开玩笑。最后我的一位员工说：“你必须给这些家伙一个办公室，真的。”我反问道：“为什么？就让他们坐在大厅里吧。我可不想让他们那么舒服！”但是我们最终还是给了他们一间办公室。

一天，我对一位在我们这里工作了好几年的税务官员说：“你还在这儿啊？”他笑着回答：“我是你们的合作伙伴。”想想吧，这位无畏的基层代表尽管处境不利，但是仍然保持着坚定的“我可以做到”的态度。他因此赢得了我的尊重。

> 如果不尝试，你就永远不会知道自己能走多远。

如果不尝试，你就永远不会知道自己能走多远。你不仅会限制自己的人生发展，而且会不断地后悔：真希望我当时尝试过。只要坚信“我可以做到”，上帝就会支持你，为你提供答案。你会实事求是地估量前方的障碍，并且把它们看成需要克服的困难，而不是无所事事的理由。

即使你的尝试失败了，你也有力量和勇气知道自己到底走了多远，这样你可以重新尝试，或者换种方法，或者以更加自信的姿态迎接新的工作。思考一下自己能够做的事情并且开始行动吧。大胆地尝试吧！

有太多的人都因为害怕，害怕失败、批评、嘲笑，害怕自己没有足够的训练或者经验而不做尝试。对这些人，我要说：“设定一个目标并且为之努力吧。你可以做到！”

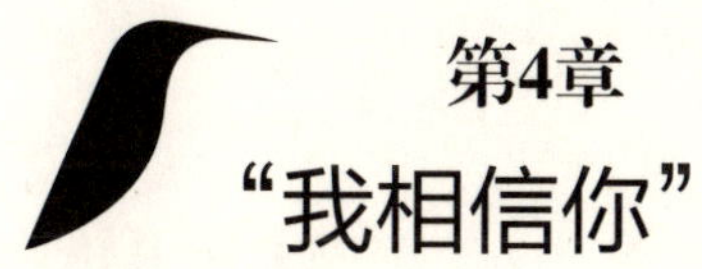

第4章
“我相信你”

我相信世界上最强大的力量之一来源于人们相信自己、敢于攀登、积极生活的精神。

只要打破哭泣的习惯，绝对相信自己的能力，你就可以全身心地投入到自己的追求中去。

在一次拍卖会上，我有幸拍到了诺曼·文森特·皮尔亲笔签名的《积极思考的力量》一书。每次翻阅此书，我都会想起在事业刚刚起步的时候，他的哲学对我产生过多么大的影响。

该书第二章“相信=成功”给我留下的印象尤其深刻。如果不相信自己，我们肯定无法实现自己的最高目标，而且帮助别人实现梦想的最有效方式之一就是告诉他们“我相信你”。

“我相信你”比“你可以做到”这句话更亲切，相信别人是对“你可以做到”的深化。通常情况下，我们会对家人和亲密的朋友说“我相信你”这句话。当然，有时候我们不一定要说出来，我们可以通过行动来表示，甚至有时候，我们只需要到场或者表示支持就能表达“我相信你”的含义。

我的第一本书是在40多年前完成的，书名为《相信》(*Believe*)！这本书叙述了我直到今天仍然相信的一些事情。《相信》的主旨与我在全美各地的演讲中向听众传达的信息是相同的。我希望能够帮助人们相信自己和他人。我还阐述了自己的一些信仰：美国是世界上最伟大的国家之一，自由市场体系是让美国成为世界经济最强国的原因，每个人都有尊严和存在的价值。我现在仍然鼓励人们相信，因为对于我来说，它是使社区和家庭更加美好的要素，是使孩子更快乐的条件，也是帮助员工实现自己事业目标的动因。因此我愿意竭尽全力地帮助大家明白：我相信他们并且鼓励他们相信自己，从而取得连自己都难以想象的成就。

我们需要相信老板和政府部门领导都在为我们的利益而努力；我们还必须相信自己有照顾自己、实现理想的能力。

仔细想想，其实我们的许多机构都是建立在信任基础上的。我们必须相信家人；我们需要相信老板和政府部门领导都在为我们的利益而努力；我们需要相信我们的民主生活和自由市场体系是最宝贵的机遇；我们还必须相信自己有照顾自己、实现理想的能力。

我们必须警惕那些不相信我们的人所带来的消极影响。毕竟我们都有怀疑自己的倾向，这一倾向很容易受到这些人的影响。许多人之所以遗憾多于成就，是因为他们总是怀疑自己，而不是相信自己。他们容易听信别人的消极意见而不是自己努力尝试。其实，如果他们当时听到的是“我相信你”这句话，情况就会大有改观。

我们必须警惕那些不相信我们的人所带来的消极影响。

我曾经尽一切努力帮助奥兰多魔术队的队员相信他们能够成为冠军，即使球迷和记者都说这不可能。既然拥有“魔术”这个名字，我们就应该成为相信自己的最好例子。多年以前，当这个队伍首次进入季后赛时，我希望队员们相信自己可以登上冠军宝座。在此之前，魔术队从来没有获得过冠军，因此如果队员们不那么自信，这也是可以理解的。他们也许会认为冠军是其他球员和球队的事情，和自己无关，而且记者和所谓的专家也都说他们太年轻、太缺乏经验了。

一天晚上，我在球员更衣室发表了一席讲话，告诉他们不要理睬这些消极的声音。我还向他们提出了两个问题：“为什么不是我们夺取冠军？为什么不是现在夺取冠军？”这两句话成了我们在季后赛的战斗口号，我们还把它贴在了更衣室里。事实上，我家里的一面墙上也贴着这个口号，现在我还经常从它那里寻求鼓舞。事实上，那一年魔术队没有赢得NBA（美国男子职业篮球联赛）冠军，但是我至少帮助球员们相信了自己的能力，也让他们了解到我相信他们的事实。

> 为什么不是我们夺取冠军？为什么不是现在夺取冠军？

“为什么不是我们夺取冠军？为什么不是现在夺取冠军？”这两句话总结了我们应该如何相信自己，进而获得成功的秘诀。我们必须相信自己可以成为胜利者，成为达到目标的成功者。我们必须从现在开始着手，因为我们如果一直犹豫、等待，那么终将一事无成。

我们的孩子是最需要听到“我相信你”这句话的。对孩子的指导和建议本身就传达了我们相信他们的信息。即使是非常简单的行为，比如我们帮助他们完成家庭作业，也表现了相信他们的态度。孩子们把成绩单拿回来的时候，我和妻子从来没有因为他们的成绩不理想而大发雷霆。我们只会讨论成绩下滑的原因以及改进的方法。我们的反应表明我们相信他们可以做得更好，并且鼓励他们全力以赴。我们通过行动和话语不断地告诉他们：“你可以做到，我们相信你。”

我们还尽量参加儿女们在读书期间的比赛、表演以及学校的其他活动，现在对孙辈们也是如此。观众席上的每个人都会鼓掌欢呼，但是父母和祖父母的肯定和鼓励对孩子最重要。看到我们为他们欢呼，他们的自信会增加，并且他们也明白我们相信他们的事实，而这一切只需要我们花些时间和精力到达现场。“我相信你”，不管是通过行动、态度还是语言来表达，都会对他们的成长产生潜移默化的影响。

我也是以类似的方式来对待奥兰多魔术队的队员的。尽管这些职业运动员都极富天分并且取得过巨大的成功，但是他们毕竟还年轻，仍然需要支持和鼓励。作为奥兰多魔术队的老板，我经常和队员们谈话，并且尽一切可能去观看比赛。我的到场就表现出了“我相信你们”的姿态。我鼓励他们在每一天的每一场比赛中都尽力而为。我向他们强调：“对于一些人来说，这个夜晚就是唯一的夜晚。”我的意思是，有些观众可能是第一次来看NBA比赛，也可能是最后一次来看NBA比赛，球员们是在为这些球迷打球的。毕竟，这些球迷是来看一场高水平比赛的，是来看篮球精英们的表演的。

因此我们希望每个球员都能够在整个赛季的所有比赛中，发挥出自己的最佳状态，因为他们可能没有第二次机会为那些只来看一次比赛的人进行表演了。这一思路也同样适用于日常生活中的我们。我们也许只有一次机会可以给人们留下正面的印象。我们也许没有第二次机会告诉他们“我相信你”，或者用自己的行动让他们明白他们对我们的重要性。我们如果错过了这次机会，就永远不会有第二次了。

我还希望我的球员们明白我很关心他们，在球场之外我也很相信他们。我和妻子会邀请奥兰多魔术队的球员、教练和工作人员来家里做客，我们的子女和孙辈们也会加入进来。我与家人一起招待他们就可以让他们明白：我们把他们看作家庭的一分子，我们相信并且关心他们，就像相信和关心家人一样。球迷看到的都是他们在球场上的精彩表现、数百万的薪水以及在全国媒体报道中表现得志得意满，然而，要知道这些球员还都是年轻人，有些甚至不到 20 岁。

有些球员在 20 岁的时候就突然成了百万富翁，而且在加入NBA之前从来没有工作过，因此我劝告他们要投资、要储蓄，因为NBA的事业是相对短暂的。我还告诫他们一定不要有不当的行为。他们花了无数的时间在体育馆内拓展自己的才能、完善自己的技术，因此最不应该发生的事情就是由于草率的、不当的行为使这一切付诸东流。我建议他们要远离行为不端的人和不良场所，要在午夜之前回家。我的这些话总是会引起一阵笑声，但我还是指出，出现在新闻报道中的职业运动员的不当行为，总是发生在午夜之后和球员不应该出现的地方。

支持人们为之付出的事业也是在向他们表明我们相信他们。做大事的人都是相信自己的人，但是他们同时也需要他人的支持来点燃自己的热情和激情，特别是当遭遇非议的时候。我和海伦通过基金会做了一些慈善活动，这也是“我相信你”态度的重要体现。如果我们或者其他人向某项工程捐献了一大笔钱，那么这笔钱比任何公开活动所起的作用都要大。它向社区和其他一些潜在的捐赠者传达了一个信息：一位名人相信这项工程，还为它提供了经济上的支持。如果这项工程或组织突然赢得了一位名人的信任，那么他的投入必将增加这项工程的可信度。从我的亲身经历来看，在我和海伦表现出对某项事业的支持之后，其他人也会站出来帮忙。

做大事的人都是相信自己的人，但是他们同时也需要他人的支持来点燃自己的热情和激情。

一个多世纪以前，教会建立了利河伯学校，这所基督教学校主要是为新墨西哥州的印第安人服务的。利河伯学校的教育帮助许多来自贫困家庭的学生培养自信、增长学识，并使他们的情感与精神得到升华。这是一群需要相信自己、相信自己有能力可以改善现状的学生。多年以来，我和海伦一直有幸赞助这家学校。我们非常荣幸地参加了利河伯学校新体育中心的捐赠仪式，这座大楼是我们和许多其他捐助者共同捐资兴建的。我们有幸得到亲临现场的机会，这本身就向学生们表明了我们相信他们的能力，向老师和员工表明了我们相信他们的事业。

“我相信你”这句话还可以帮助改善社区，使社区成员发挥更大的潜力。只要一有机会，我就会向我们社区的人表明“我相信你”，从而激励他们取得更大的成就。大急流城市中心在过去60年中发生了翻天覆地的变化。几乎一度被废弃的市中心现在呈现出一番日新月异的繁荣景象。作为社区领导人，我一直致力于社区建设，希望自己的“我相信你”的信念对社区建设者有所帮助。每当人们邀请我在大楼的捐赠仪式、商业集会或者是募捐晚宴上讲话的时候，我都会努力把“我相信你”这一信念传达给社区的人。我希望大家在离开的时候都能相信自己可以成功，相信自己居住在一个美好的社区、伟大的州和伟大的国家。我希望他们所有人都相信自己可以为更加美好的未来添砖加瓦，相信每个人都很重要。

我发现，即使是美国总统，有时候也需要他人的鼓励，从而了解大家相信他。杰拉尔德·福特总统在位期间，我只要到华盛顿特区就会往白宫打电话，问问他是否有时间聊聊天。他的秘书经常会鼓励我说：“他会很愿意见到你。他需要见见家乡的人、见见不会把谈话内容公布出去的人。”作为美国总统，福特担负着做出重大决策的重任，他的每一项决策都可能会影响到数百万的人民。我只是偶尔去拜访他，但是这简单的举动就向他表明了我支持他、相信他，并且让他明白，大部分人在重大事务上和他的意见是一致的。

即使没有承担维护自由世界的重任，我们在日常工作中也需要得

> 即使没有承担维护自由世界的重任，我们在日常工作中也需要得到老板或者同事的鼓励。

到老板或者同事的鼓励。我的公司拥有数千名员工，他们如果想要成功，首先必须拥有相信他人和相信自己工作的信念。最近我们召开了一次员工会议，其中一位发言人是我们新任的食品饮料经理。他向员工们介绍了自己的背景并且分享了自己事业成功的秘诀。他开始只是一名洗碗工，靠着自己的努力做到了这个行业的最高职位。在洗碗的时候，他也需要知道有人相信他，同时他也必须相信自己。

相信洗碗工或者其他在底层工作的人，对他们所产生的影响往往是最大的。相信某行业的精英是很容易的，但是我们还需要相信那些需要鼓励的人。许多年前，安利公司买下了互动广播公司，并聘请拉里·金担任一档晚间谈话节目的主持人。拉里曾主持过佛罗里达州的一家地方性节目，但是当时他已经离开电台快 3 年了，那是第一次有人请他回电台工作。我们电台当时的负责人曾经与拉里在佛罗里达合作过，他说拉里的确是一位非常出色的谈话节目主持人。

他告诉我们："如果你们愿意给我一个机会，我建议电台开设一个从午夜零点到凌晨 5 点的通宵节目。"于是我们聘请了拉里，开通了电话热线——这可是我们电台首创的节目形式。人们纷纷打来电话，拉里也开创了自己的招牌谈话节目，形成了自己的访谈风格。

每次拉里邀请我去参加他的节目，我都感到很荣幸。他对我说：“我们的节目需要一位保守人士。我曾经邀请过许多自由主义者来到这里，却邀请不到保守人士。他们都不愿意在这么晚的时候还不睡觉。”拉里后来名噪一时，但在此之前，他在我们电台工作了许多年。拉里·金是一个很了不起的家伙，我很高兴我们给了他第一次到大电台主持谈话节目的机会，并且相信他可以做得很好。

我们每天都可以看到一些令人称奇的伟大成就，有时候甚至会习以为常，而相信他人和自己正是取得这些成就的关键因素。想想长约5英里的马琪那大桥吧，这座大桥跨越了密歇根湖和休伦湖，连接密歇根上半岛和密歇根下半岛。2007年，我的家乡举办了大桥建成50周年的庆祝活动。大桥的设计者们必须相信自己对这座巨大悬索桥的设计，工程师们必须相信大桥可以承受狂风和大型车辆的考验，工人们必须相信自己所浇筑的混凝土和铺设的电缆终将变成蓝图中所描绘的大桥。培养积极的态度完全来自这个简单而强大的词语：相信。

> 培养积极的态度完全来自这个简单而强大的词语：相信。

在1975年出版的《相信》一书中，我写了这样一句话，我至今仍然对此深信不疑：“我相信世界上最强大的力量之一来源于人们相信自己、敢于攀登、自信生活的精神。”因此我在《相信》一书和之后的许多演讲中都一直不厌其烦地告诉人们：“我相信你。”我告诉他们，我相信它有无限潜力，可以帮助人们实现自己的梦想。我和杰克服了一个又一个挑战，但是我们从来没有怀疑过自己。我们如果仔细倾听所有反对者的意见并且认真考虑他们的合理性，就不可能试着去创建飞行学校、汽车餐馆或者安利公司了。想象一下你说出“我相信你”对他人生活的影响吧。你不仅是因为他们工作出色或者成绩突出而赞扬他们或者感谢他们，而且也在告诉他们，你相信他们有能力去尝试从来没有做到过，甚至认为自己根本无法做到的事情。

我曾无数次告诉安利公司的经销商，他们的使命就是提升人们的士气，而完成这一使命最根本的前提就是相信别人。当有人问我和杰如何确定自己生意的方向和原则时，我们回答这些来源于我们相信他人的价值。在我们开始创业的时候，大家普遍认为：“人们都不愿意工作。他们又懒惰又冷漠，他们都想依靠社会福利或者失业保险金生活。”而我们不这样认为，我们相信人人都是有价值的，他们愿意工作、愿意获得成功。从此以后，我经常强调，不相信他人的价值是几乎不可能创建企业的。

当大学老师鼓励诺曼·文森特·皮尔相信自己的时候，还告诉他要相信上帝会帮助他。皮尔说自己走出教学楼，沿着长长的台阶往下走，走到倒数第 4 级台阶的时候停了下来，他与上帝进行了对话。70 多年过去了，他仍然清楚地记得那个台阶和自己的祈祷。“万能的主，”他祈祷说，“你可以让醉汉冷静，可以让小偷诚实，难道就不能让我这个可怜的糊涂蛋变正常吗？”他说这就是一系列奇迹的开始，他变成了一个相信自己的人、一位积极的思考者。

营造相信的氛围也是当今领导者所需要的技巧。就像我说过的那样，学习积极的态度和学习使用积极的语言对领导者尤其重要。我们需要更多能够表达自己的信仰并且能把它灌输给他人的领导者。有人说我推销的不是产品，而是推销自己，也许这正是因为我曾经遇到过许多非常自信的人的缘故吧。他们刚开始的时候都不是很自信，但是成功逐渐改变了他们，最终他们发现，原来自己拥有超乎想象的才华与能力。

营造相信的氛围也是当今领导者所需要的技巧。我们需要更多能够表达自己的信仰并且能把它灌输给他人的领导者。

谈到自信，我们还需要谈一谈尝试的必要性。我们如果不尝试，就永远不会知道自己究竟有多大潜力。我尝试的大部分事情都成功了，这正是因为我拥有信心并且积极努力去争取。1976 年，一位帆船界人士请我帮纽约帆船俱乐部从澳大利亚帆船队手中重新夺回美洲杯。当时我是“美国二号队”的主席之一。(这艘帆船是根据 1851 年在英格兰夺得第一届杯赛冠军的“美国号”命名的。)安利公司是这支队伍的三家赞助商之一，因此我责无旁贷。虽然最终我们并没有成功，但是我一直保持着积极的心态。就像我对新闻媒体所说的那样:“我们如果不参加比赛，就永远不会胜利。这就是生活。即使我们没有胜利，但至少我们参与了、努力了，那就够了。”

我还会为胜利创造机会，不会因为没有绝对的把握而放弃。“相信自己”不总是意味着要有远见。我们是在地下室创建安利的，当时我们不知道首批产品的销路会怎么样，也不知道销售计划是否会成功。开始的时候，我们的工厂规模并不大，但是随着产品销售量的逐渐增长，我们造了一座单层面积约400平方米的大厦。多么了不起的远见！我们当初有谁想到安利公司可以发展成今天这么大的企业呢？我们为那座大厦买下了2英亩[①]的土地，其实我们本来还可以多买2英亩，但是我们觉得多买的那块地除了当停车场外也没什么用处，所以决定只买2英亩。

在必须做出决定的时候，你要么尝试，要么哭泣。我的父亲从来不让我说“不行”，“不行”的对立面就是“尝试”。你如果相信自己，就会看到自己的无限潜力。只要打破哭泣的习惯，绝对相信自己的能力，你就可以全身心地投入到自己的追求中去。而且，你还会赢得信心，从而鼓励他人相信自己。对于领导、家长、朋友、老师和老板来说，“我相信你”这个句子都是威力无穷的。

> 只要打破哭泣的习惯，绝对相信自己的能力，你就可以全身心地投入到自己的追求中去。

相信自己和他人还可以帮助我们把自己的社区和国家推上积极的

① 1英亩=4046.86平方米。——编者注

轨道。我相信美国是世界上最伟大的国家之一，只要所有美国人都有相同的信仰，我们的未来就一定更加美好。我们必须相信自己现在所做的工作，否则，干脆跳槽吧。我们必须相信美国有无限潜力来实现我们的梦想，我们也必须矢志不渝地追求自己的目标。

诺曼·文森特·皮尔在第 4 级台阶上的祈祷让他铭记了 70 多年。因为自己是如此幸福，所以他更加关心那些不幸的人，全身心地致力于写作与传道。他已经成为一个相信自己和他人的人，从此停止了怀疑。你并不一定要成为诺曼·文森特·皮尔。向别人表明你相信他的态度吧，或者学习使用这个威力无穷的短语“我相信你”吧。也许这样做，你就可以为他们开启新的人生道路。

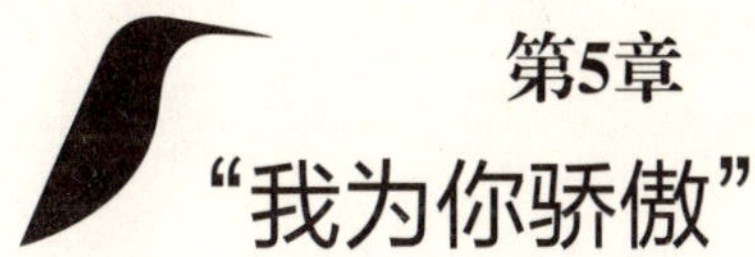

第5章
“我为你骄傲”

无论初出茅庐的新人还是位高权重的成功人士，都需要“我为你骄傲”的鼓励，不管它是通过语言、信件还是行动被表达出来的。

对任何做出成绩的人说出“我为你骄傲”这句话，是对他们尊严的敬重。

和所有的爷爷一样，我也喜欢看着孙辈们玩耍。前一天他们还在学走路，一转眼就已经可以跳、跑、骑自行车、打棒球、跳水或者登台表演了。

在我陪孙辈们玩耍的时候，他们很自然地想要吸引我的注意力并且得到我的肯定。几年前，我陪他们去游泳，令我感触颇多的是，他们每个人在跳水之前或者从滑梯上滑下的时候都会大喊："看着我，爷爷！"他们每一次尽情表演的时候都会朝我这边看，以确定我是在看着他们的。

"看着我！"孩子们总是喜欢他们所爱的人能够看着他们，他们期待着赞扬的微笑或者肯定的话语。在成长的过程中，他们希望父母和祖父母看到自己取得好成绩、观看自己打球、在乐队中演奏、表演戏剧、上大学。你肯定已经从自己的孩子或者孙辈身上发现了这一点。也许我们可以对孩子们说的最有影响力的话除了"我爱你"，就是"我为你骄傲"这句了。

> 我们可以对孩子们说的最有影响力的话除了“我爱你”，就是“我为你骄傲”这句了。

然而“看着我”并不是小孩子才有的心理。我们小时候的“看着我”的欲望其实会持续一生——毕竟人们需要得到自己所爱之人的认同。简单来说，我们希望感受到他们为我们感到骄傲。我们一辈子都需要得到认同。我们努力工作，为的就是能让所爱的人为自己感到骄傲。我们会为自己的成就感到骄傲，但是来自他人口中的“我为你骄傲”威力更大。

我非常有幸认识了比尔·海波斯。他在芝加哥附近创建了柳树溪教会，他是那里的资深牧师，还出版过多本基督教方面的书。我们俩曾在一艘帆船上度过了一个愉快的下午，他向我讲了许多他在教会中积极的活动。回家之后，我给他写了一张便条，告诉他我为他感到非常骄傲。后来，他告诉我那张便条他保存了好几个星期。想想吧，比尔得到了全国数百万人的认同，却仍然被我一句鼓励的话语所打动！

我的妻子海伦在2007年被大急流城交响乐团授予了“终身成就奖”，因为多年来，她为了打造一流乐队一直在做志愿服务，并且为音乐走进社区做出了积极贡献。我和孩子们因此买了一些条幅，在上面写上“我们为你骄傲”等几句话。当然，海伦是不求回报地为乐团服务的，她是出于对音乐的热爱、出于对自己社区的热爱而自愿帮忙的。但是我知道，几句来自家庭的鼓励对于她来说仍然十分宝贵。

人们努力工作就是为了得到行业内的最高评价、得到更耀眼的头衔、拿下显赫的奖项或者看到自己的名字变成铅字。每个人都喜欢被别人拍拍肩膀说：“好样的！”“加油！”在商界，我很快就领教了认同别人成绩的威力。我发现，如果自己的成绩得不到认同，那么人们的积极性会迅速消失。只有圣人才能忍受长期的默默无闻。当你学会注意他人生活中的积极因素后，你就会发现，告诉他们你为他们感到骄傲并不难。我们都是独一无二的个体，我们都有自己的才能和梦想。我们每个人都是不同的，都有自己存在的价值。认同可以使这种意识发挥最大的效力。但这并不意味着傲慢，或者意味着忘记“骄兵必败”的古训。但是，我们都应该骄傲而愉快地记住，《圣经》说过，我们都是以神奇的方式被创造出来的，并且能够取得神奇的成绩。

> 如果自己的成绩得不到认同，那么人们的积极性就会迅速消失。只有圣人才能忍受长期的默默无闻。

我和杰·温安洛在1959年开创的事业很简单。人们都可以开创自己的安利，通过向自己熟悉或遇到的人销售产品获得收入，而且可以通过分享事业机会获得回报。每个新加入的营销伙伴可以得到一个包含产品和指导信息的工具包，以便开始工作。其实，安利就是关于人的事业，而人们需要互相认同。因此我们提供了许多不同层面的机会，让成功者在会议上当着同伴们的面受到赞扬。这样，我们的员工就会对同伴们说：“看着我。”而且，得到大家羡慕的员工也可以告诉其他人：“我为你骄傲。”

这种方式真的很有效吗？根据我看过的成千上万个超越了自己梦想的人的实例，我可以十分确定地说，它甚至可以彻底改变人们的生活。“我为你骄傲”这句话不仅可以让人们认同彼此的成就，而且可以鼓励人们取得连自己都想象不到的成就。这也是我和杰把“认同”作为企业文化的原因。事实上，认同和奖励都是我们的根基，因为我们发现：单纯奖励是没有足够的力量激励人们发挥自己的最大潜力并且实现梦想的。我们有两项坚实的根基：不同等级的经济奖励和不同等级的认同，认同主要是通过诸如珍珠、翡翠、钻石之类的名贵珠宝来体现的。现在，也许很多人会认为珠宝算不了什么，金钱上的奖励才能给大家带来更多的动力。谁会为了一粒珍珠或者一枚钻石别针而努力工作呢？

认同和奖励都是我们的根基，因为我们发现：单纯奖励是没有足够的力量激励人们发挥自己的最大潜力并且实现梦想的。

但是，我们发现钻石奖励至少同样可以激发人们去努力进取。我们会在公司杂志上刊登钻石获奖者的照片，并且在千人大会上让他们登台接受大家的仰视。这种来自所有人的仰慕、来自同伴们的欢呼、来自领导的祝贺，都包含着同一个信息——我为你骄傲。

在写第三本书《心底的希望：人生的10堂励志课》(*Hope From My Heart: Ten Lessons for Life*)的过程中，我产生了一个想法，就是希望通过这本书来表达对那些给他人带来希望的人的认同。每当我们当地的报纸报道了一项激动人心的成就，或者采访了一位使我们的社区变得更加美好的志愿者的时候，我都会为报道中的主人公送上这本书，并附上一封简短的书信恭喜他们，告诉他们，我和他们有一个共同点，就是都在努力为他人带来希望。后来我收到了许多回信，他们感谢我送给他们这本书，并且说要把我写的信珍藏起来。

我想强调的一点是，本书中所讲到的这10个语句，大家不仅要大声说出来，而且可以写出来。写个便条很简单，一分钟就够了，但它可以激发无限的灵感与勇气。我曾经看到自己写的便条被对方贴在冰箱上，甚至镶在镜框里。把“我为你骄傲”这句话写出来比说出来更有威力。多年前，当人们都在欢呼光盘、电子邮件等数字浪潮所带来的便捷性的时候，我就曾经说过，我是一个“模拟人”，而不是“数字人”。我是伴随着转轮式拨号电话、真空管收音机和“蜗牛邮件”长大的。我也喜欢电子邮件的方便与快捷，但是我觉得没有什么东西能比装在手写地址的信封里，然后通过邮局邮递出去的手写信件更能体现自己的感谢和关心了。你还记得上一次收到一个小小的手写地址的信封，打开后发现是一张感谢信或者祝贺卡片时候的心情吗？我相信，即使是每天繁忙无暇、经常收到雪花般电子邮件和其他商务信函的高管们，也会停下来打开卡片仔细看一看的。

我经常旅行，因此觉得乘坐私人飞机更方便。我有时也会把飞机提供给朋友们乘坐。芭芭拉·布什每次乘坐我的飞机之后总会寄来一封手写的感谢信。芭芭拉是一位善于手写简短信件的大师。我非常敬重她这一点，也非常珍视她的信件。她的儿子乔治·W.布什也是如此。许多年前，在安利的经营方式被很多人误解的时候，我接受了菲尔·唐纳休的谈话节目的邀请。唐纳休先生和一些观众对我本人和安利公司非常苛刻。我竭尽所能地对抗这位有备而来的专业采访者和众多不断地向我提出尖锐问题的观众。节目结束后，公司想要了解我给观众所留下的印象以及我为安利公司和我们的营销伙伴所树立的形象。这时芭芭拉寄来一封短信，上面的内容很简单："狄维士 10 分，唐纳休 0 分。"大家可以想象得到，这封信大大鼓舞了我的士气！因为它非常精确地浓缩了"我为你骄傲"这句话！

由于手写更能发挥这些短语的威力，所以写信或者写便条所带来的小小麻烦也就不值一提了，更何况简单的便条是不会花费你多少时间的。我建议大家准备一些贴好邮票的空白卡片。内容不一定很长、很有文采，只要是发自内心的情感就可以了。下次你想感谢某人的时候，就可以非常迅速地付诸行动了。这样一来，在别人做出突出成绩、需要鼓励或者需要关心的时候，你就能够送上自己的问候了。我一直相信，这种小小的投资可以带来无穷的威力。

无论是初出茅庐的新人还是位高权重的成功人士，都需要"我为你骄傲"的鼓励，不管它是通过语言、信件还是行动被表达出来的。小的时候我们需要父母的鼓励，上学的时候我们需要老师和教练的鼓励，工作以后我们仍需要同事和上司的肯定。

我发表过数百场演讲，人们经常邀请我去激发、鼓励听众，我为得到这种机会感到骄傲和荣幸。在演讲初期，我经常在事后请海伦谈谈我的表现，这其实就是向这位我生活中最重要的人寻求肯定。海伦总会给我希望听到的肯定，但是我记得有时候自己会不止一次地问她，其实就是想要听到更多的赞扬，而且对于我来说，海伦对我表现的肯定比听众席上的掌声更重要。

我发现，“我为你骄傲”这句话对那些成绩平平，甚至怀疑自己能力的人的帮助尤其大。因此，他们的父母、老师和老板尤其要经常对这些人说“我为你骄傲”。对此我深有体会。在学校的时候我不是一个优等生。事实上，我的父亲还曾经因为我游手好闲、不专心学习而拒绝继续支付我在基督教中学的学费。拉丁语老师在我承诺再也不选她的课之后，才勉强给了我一个D。后来，我决定发奋努力，但是我从来没能得到过全A的成绩。我在给某中学班级的毕业典礼的致辞上，曾经承认过这一经历。当时在场的许多学生都是优等生，有些还获得过国家奖励。这个班级中一半以上的学生都戴着彩色流苏，那代表着他们优异的学业成绩。也许那天他们已经从家长和老师那里听到许多次“我为你骄傲”这句话了。

因此，我觉得自己的致辞应该更加关注那些没有获奖的学生。他们当中也许没几个人能在自己毕业典礼的当天听到“我为你骄傲”这句话。他们也许会认为自己只是前来观看优等生获奖的观众而已。于是我告诉他们，班级中的每个人都能够为美国做出非凡的贡献。我希望自己的话语能够让他们在中学毕业的时候感觉自己拥有光明的前途，感觉自己也有能力实现梦想。

这种鼓励是会让年轻人铭记终身的。我的儿子德至今还记得上小学的时候我给他的鼓励，我说这几句简单的话语给他的小学生活带来了莫大的帮助。一天我开车送他去上学的时候，他告诉我他很难交到朋友。于是我鼓励他快乐起来："人们都喜欢围绕在快乐的人周围。"德还记得下车的时候听到我在后面大喊："去吸引他们吧，快乐先生！"

德现在已经成家立业，是 4 个孩子的父亲了，但是他至今仍然记得那次我送他上学时的鼓励。事实上，这个传统还在继续。德的一个女儿加入了中学的新生足球队，负责定位球，要知道这支男子足球队中的女孩屈指可数。我喜欢去看她比赛，为她加油。女孩子参加男子足球队无疑需要莫大的勇气和自信，而这些勇气和自信可能就来自成长过程中家长的鼓励。

海伦的成长经历和我恰恰相反。她的母亲总是喜欢杞人忧天，因此从不让她骑自行车或游泳。她的家人曾经在大西洋附近度过了几个夏天，而且他们的房子也离密歇根湖很近，这样海伦有很多机会游泳，但是她的母亲从来不让她走近水边。在我的鼓励下，仍然不太会游泳的海伦学会了使用水下呼吸管进行潜游（当然，是穿着救生衣的）。想想她的童年经历，能够看到她在世界各地潜游真是太美妙了。通过表达对他们的信任之情来鼓励自己所爱的人，可以让他们释放压力，自由遨游。

这么简单的语句真的具有对他人产生积极影响的威力吗？不信的话，你就告诉孩子们你为他们感到骄傲的话语，然后等着瞧吧。在公开场合说出“我为你骄傲”最为有效，特别是在他们所敬重和景仰的人面前，比如他们的父母、朋友、老师、上级或者同事。一次，我有幸同纽约的一位世界知名的脑外科专家在晚宴上聊天，他是来大急流城的海伦·狄维士儿童医院演讲的。在晚宴上他称赞了我的医院。他是这样说的：“用不了几年，你们就将吸引全国最出色的医生到这里工作。”我回答：“看看周围吧，许多最出色的医生已经在这里了。”

> 在公开场合说出“我为你骄傲”最为有效，特别是在他们所敬重和景仰的人面前。

几年后，大急流城医院的儿童血液学和肿瘤学的主任告诉我，他从隔壁桌子上听到了我们的谈话。他说我当时骄傲的语气就好像一只大手一样重重地拍在他的肩头，能成为优秀医生团队中的一员他感到很骄傲。他还说，听到我用如此骄傲的语气向本行业中如此杰出的人物提到他的团队，他由衷地感激。

这些话让我感觉很温暖。我愿意成为生活中的啦啦队队长，因为与我相反的人太多了，他们总是喜欢打击别人，而不是鼓舞他们的士气。也正因为如此，我们必须要相信无限潜力的存在，并且鼓励他人发挥出来。如果不尝试，他们怎么知道自己是否能够绘画、销售、写作、取得学位、演讲、赢得比赛或者当老板呢？对任何做出成绩的人说出“我为你骄傲”这句话，是对他们尊严的敬重。人们说我能和任何人打交道，不管是总统还是停车场的员工。我为此感到骄傲。我的父亲曾是一名电工，在经济大萧条时期失去了工作。但是这并不意味着我不为他骄傲，因为他努力工作抚养了我和姐妹们，而且他鼓励我创建自己的公司。

许多年前，我参加过一个关于职业教育的研讨会，与会的都是博士，在学习方面非常有经验。我聆听了他们对失业工人的评价，比如“也许我们至少可以让他成为一个出色的木匠”，或者“他将来可能还只是一名管道工，但是……”，等等。我也是当天晚上的发言人之一，因此有机会提醒大家，他们是从象牙塔的顶层俯视这些工人，为这些在他们看来不够聪明、上不了大学的可怜家伙谋个小生计。

我从不认为某人只能当一名技工、销售员或者垃圾搬运工。我们都是有尊严的人，可以利用我们的才能为社会做出贡献。尊敬是一把钥匙。有了尊敬，我们就可以向任何行业中的杰出人才说出“我为你骄傲”这句话。

> 如果你是老板、老师或者教练，那么我鼓励你把“我为你骄傲”这句话作为自己的日常用语。

如果你有孩子，那么你有更多的机会对他们说出“我为你骄傲”，从而有机会对他们未来的成功产生最有力的影响。如果你是老板、老师或者教练，那么我鼓励你把“我为你骄傲”这句话作为自己的日常用语。我相信上帝创造每个人都是为了让他实现自己的潜力。通过表达对他们的骄傲，你可以帮助自己认识或者深爱的人发挥他们全部的潜力。

其实每个人都像孩子，他们都渴望得到认同，希望别人“看着我”。你在看着他们吗？你注意到家人、朋友、邻居、同事或者下属的成就了吗？不管成就是大是小，你口中的“我为你骄傲”就可以帮助他们积极地前进！

第6章
“谢谢”

不管你是商人、领导者、家长，还是其他处于领导地位的人，说出“谢谢”的方式远远不止写一封感谢信。

人们喜欢被感谢，而且需要被感谢！如果我们不去感谢，善意的泉水就会枯竭。

你还记得小时候有人送你一块糖果或者一份小礼物的时刻吗？爸爸、妈妈可能会这样引导你：“你该说什么呀？”他们希望听到的当然是你能说出“谢谢”这句话。你如果是家长，就会希望自己的孩子在收到礼物的时候能够有礼貌地说声“谢谢”，而不是一句话不说就拿着礼物跑掉，这样的话你肯定会感到尴尬。

有责任心的父母都会坚持教育孩子说“谢谢”。心怀感激并且说出“谢谢”是文明社会所有正常的人都应该做到的。商店售货员应该感谢消费者光顾他们的生意。餐厅服务员送餐的时候，我们也会说“谢谢”。当别人夸奖我们的新外套很漂亮或者工作很出色的时候，“谢谢”也是恰当而且应有的回答。如果某人为我们做晚饭、开车送我们回家或者送我们礼物，“谢谢”也应是我们自然而然的反应。

“谢谢”是对别人慷慨的认同与感谢，它代表你认同了别人的善意和关心。“谢谢”表明我们欣赏他人的工作、感激他们为我们提供的服务或者表演等。

在安利公司全球总部大厦竣工的时候，我们与当时的众议员杰拉尔德·福特、市长，还有当地的商业领袖和其他主要人物一起举行了落成典礼。其实在这个高规格的典礼之前，我们还举行了另外一次特别的活动。

我们款待了所有参与大厦建设的人员。所有这些认真、负责的能工巧匠，绘制蓝图、架设钢架、添砖加瓦、安装玻璃、建造屋顶、铺设地毯、悬挂窗帘的人，都尽情地享受了我们的晚会，并且欣赏到了自己辛勤努力的成果。其实，在一般情况下，建筑工人是很少有机会看到自己完整的劳动成果的。我们邀请他们前来参观竣工后的大楼，和他们握手、聊天，最重要的是，对他们说声“谢谢”。对此他们很高兴。我们举行晚会的目的仅仅是说“谢谢”，他们对这样的邀请似乎颇为惊讶。

为建设者们举行庆典的情况非常少见，这充分说明了我们有时候会忽视感谢别人。为什么我们从来没有想到要感谢某人？建筑项目中一旦出现问题，我们立刻就会指责别人。但是如果项目一切顺利，我们往往就会把建筑工人和他们的技术看成理所当然的事情。2007 年，我们在大急流城市中心建造了 J. W. 万豪酒店，建造过程中没有出现任何事故，也没有延误一天工期。所有的工人和承包商都出色地完成了自己的工作，履行了他们的职责。每天工人们都会按时上班。工作结束之后，在与家人团聚的时候，他们心中也许充满了为如此壮观的工程做出贡献的自豪感。因此我们在举行落成典礼的时候，必须要向他们表示感谢。就像我在前面提到的那样，我还要向我们酒店和会议中心不同工种的员工表示感谢。他们的工作很容易被忽视，但是大家要知道，他们在劳累了一天之后，还要面带微笑地进行各项服务。

在我的公司，所有员工在圣诞节都会收到一份礼物。员工们可以从礼品目录中进行选择。这是因为他们是公司的员工，而且圣诞节是个特殊的日子，我们想让他们感受到我们的谢意。令人惊奇的是，这种小小的感谢竟然具有强大的威力，它让人们感受到公司需要他们、重视他们。家庭成员之间的谈话一般比较随意，但是我们仍然需要记住对家人说声“谢谢”。我们把这种习惯灌输给了孩子们，并且坚持要求孙辈们也要如此。

感谢的话语或举动是我们对别人的爱意或者善意的回应。哪怕我们送出的只是一件小小的礼物，但是毕竟礼轻情义重。最重要的是我们把情义付诸行动：一张贺卡、一件礼物或者一句“谢谢，你的工作很出色，对我有很大帮助”，都会产生意想不到的结局。

最重要的是我们把情义付诸行动：一张贺卡、一件礼物或者一句“谢谢，你的工作很出色，对我有很大帮助”，都会产生意想不到的结局。

仅仅在内心怀有谢意是不够的。很多时候我们都想说声“谢谢”，但是我们没能抽出时间。不幸的是，那位我们喜欢、感谢的老师也许一整个学年都没有听到一句“谢谢”，也永远不知道有学生感谢她的才能和努力。我们也许曾经想过要表达自己的谢意，但是从来没有抽出时间去学校看她，或者给她打个电话、送张卡片或礼物。

表达谢意的方式有很多，我们可以说声“谢谢”，也可以采取更加隆重的方式。如果理由正当的话，更加隆重的感谢甚至可以带来奇迹。许多年前，我担任大峡谷州立大学董事会成员时，大家曾针对如何为大学基金会筹集到更多的资金展开讨论。我提出，最好的方式就是给人们授以荣誉。于是我们开始为那些对大学和社区都做出贡献的人授予荣誉称号。我们邀请他们做宴会的荣誉嘉宾，授予他们奖牌，并且请艺术家为他们画像，然后把这些画像悬挂在大学的教学楼里。这种方式形成了我们对不同人说出“谢谢”的传统。他们也许是对学校做出举足轻重的贡献的杰出教授或者社区成员，我们通过公开授予他们荣誉称号的方式来表达谢意。现在，大急流城经常举行这种活动，向做出杰出贡献的人授予荣誉，我们举行盛大的正装宴会来招待那些成绩卓著的嘉宾。人们可以通过这种方式为自己的机构筹集到更多资金，并且鼓励更多的人来支持他们的事业，同时，这种方式也向那些应该得到感谢的人表达了敬意。

1999 年，我和杰受到表彰——感谢我们 30 年来对大急流城市区复兴所做的经济贡献。当时的筹资晚宴名为“杰和理查，感谢你们为复兴所做的贡献”。在贺词中，我们的家乡称赞我们“不知疲倦地努力，慷慨地付出，为大急流城市区的复兴、小企业的繁荣做出重要贡献”。在这 30 年中，我们非常高兴对自己成长的城市有所帮助，时间就这样飞逝而去，我们丝毫没有担心过能否得到感谢。但是，接受如此隆重的感谢和表彰让我深刻了解了感谢的威力。我必须承认，自己很享受被他人感谢的感觉。

人们喜欢被感谢，而且需要被感谢！如果我们不去感谢，善意的泉水就会枯竭。有些人做出了巨大贡献是由于他们对某项事业的信仰或者是因为他们内心受到了善意的驱动。对他们的感谢与他们的贡献相比是微不足道的。我在为大峡谷州立大学，现在的库克－狄维士医学中心筹集资金的时候，曾经在停车场遇到了一位老先生，并且和他聊天。当时他已经90多岁了，但是漂亮的衬衣和领带以及浅蓝色的休闲上衣让他看起来要年轻得多。我对他说：“你看起来棒极了！”

> 人们喜欢被感谢，而且需要被感谢！如果我们不去感谢，善意的泉水就会枯竭。

后来我又在大楼里遇到了他，我觉得他可能会是我们潜在的捐助者。因此我对他说：“你看上去棒极了，而我现在也的确在向你寻求资助。我们正在以百万美元捐赠者的名字为这栋大楼的每个楼层命名，如果能得到你的支持，我将十分感激。”他回答说他会做出贡献。我还告诉他，如果捐出更多的钱，那么我们可以以他的名字为整栋大楼命名。陪同在一旁的他的孙子听到了我们的谈话，对他说：“爷爷，别忘了你的孙子孙女呀。”随着我和他交流的深入，我了解了他的创业史，我渐渐意识到在这个城市中几乎没有人知道他。大家都不知道他是如何创业、如何把自己的公司发展为一个大公司的。因此我意识到我们不能仅仅用捐助者的名字为楼层命名，我们还需要用捐助者的故事来激励学生们，让他们了解名字背后的故事。学校里的建筑经常以捐助者的名字命名，但是学生除了知道他们的名字之外，对他们本人就一无所知了。于是，学校决定在每个楼层设立一个玻璃展示窗，陈列各种纪念品来讲述捐助者的故事。现在，学生们可以停下来了解他们的故事，他们会说："原来这就是那个人的事迹，我终于知道为什么这个楼层会以他的名字命名了。"这是说出"谢谢"的另一种美妙的方式。

其实，在你开始考虑如何向对自己产生了积极影响的人表达谢意的时候，有很多不是那么隆重但是很有新意的方式可供选择。人们永远也不会讨厌收到感谢信，不管你是商人、领导者、家长，还是其他处于领导地位的人，说出"谢谢"的方式远远不止写一封感谢信。

也许你会因为孩子们在学校中刻苦学习而感谢他们，因为他们取得好成绩而奖励他们，或者在他们中学毕业或大学毕业的时候一起庆祝。你可以为他们营造特别的一天或者一个周末，以此来感谢他们。时间是父母能够给出的最宝贵的礼物。我还记得自己曾经忙于做生意，忽视了对家人的关爱。当时大概 12 岁的德对我说："你从来都不在家。"我并不承认："我经常在家啊。"他回答："等一等，我拿日历过来。"他在厨房一个碗柜门后面挂了一本日历，我不在家的日子上面都画着 X。我看了之后真是感触良多！所以我想说：时间是最宝贵的礼物。德的日历让我意识到，待在家中、参与他的生活是多么重要。因此在我忙于生意且不得不出差的时候，我就带上他们，这样我们就有时间相处了。大部分的海外旅行我都会带上一个孩子。我的大儿子狄克第一次去的是澳大利亚，后来每个孩子都轮流和我们一起参加两三个星期的旅行。他们的老师对此并不高兴，但是我和妻子都认为这种旅行对于孩子们来说是绝好的教育机会，也是我们和孩子共度美好时光的机会。

除了感激为我们提供服务的人，我们还需要调整自己对被感谢者的态度。我们非常幸运地生活在这个国家，但是我们也经常把这种恩赐看作理所当然的事情。“谢谢”这句话永远不会过时。如果我们真心感谢每天帮助我们的人，那么这句话就应该一直挂在我们嘴边。

通常情况下，我们只记得抱怨，却忽略了感谢。也许我们太过关注自己、太过忙于生活，以至忘记感谢了。也许这是因为美国人已经对超出世界大部分人所能想象的奢华与惬意感到扬扬自得了吧。我们往往把这种恩赐看作理所当然，就像一位房东请房产经纪人登广告卖掉自己的房子一样。这位房东在报纸的广告上看到自己的房子原来有那么多的优点时，就打电话给房产经纪人说自己不想卖房子了。当被问到是什么使他改变了心意的时候，这位房东回答：“看了你的广告以后，我才明白自己已经住在我想要的房子里了。”

通常情况下，我们只记得抱怨，却忽略了感谢。

就像诺曼·文森特·皮尔多年来一直宣扬的那样，如果你担心自己的问题，发现自己很难看到积极的方面，那么就“脱离自我”吧，开始想想别人。尽管每天都有很多幸运的事，但不幸的是，我们总会发现有些事情不如意。如果我们想想那些比我们更加不幸的人，伸出援手去帮助他们，那么我们会对自己的处境充满更多的感激之情。皮尔相信，真正伟大的人之所以拥有非凡的生活，就是因为他们养成了为他人着想并且帮助他人的习惯。帮助他人可以使我们更好地理解、感谢帮助过我们的人。比如，我们坐下来吃饭的时候，可以想想这些食物会满足我们的胃口，或者我们可以花点儿时间想一想烹饪这些食物所需要的构思、技术和努力，之后我们就会对此表示感谢。

如果我们想想那些比我们更加不幸的人，伸出援手去帮助他们，那么我们会对自己的处境充满更多的感激之情。

帮助他人可以使我们更好地理解、感谢帮助过我们的人。

你也许听说过下面这个流传已久的故事。在暴风雪中，一群农夫围坐在一家小商店的炉火边取暖。其中一位农夫说：“你们还记得 1970 年吗？那一年我们遭遇了可怕的干旱，所有的庄稼都毁了。”其他人都点头示意自己记得。另外一位农夫说：“你们还记得 1984 年吗？所有的庄稼都长得很好，但后来一滴雨都没有下，所有的庄稼又都毁了。”其他人也都说自己记得那一年。他们都记得收成不好的年份。最后，其中的一位老人说：“是的，但是不要忘了 1987 年。那一年简直棒极了，庄稼收成很好，一切都很顺利，但是收割起来太麻烦了。”

就像这个故事一样，我们有时候很难真心实意地去感谢。因此，如果你的孩子每天都能够在学校学到新的知识，感谢他们的老师吧。如果你度过了美好的童年并且成长为一个有所作为的人，感谢自己的父母吧。我们还应该感谢祖父祖母的智慧，感谢老板给我们提供了工作的机会。其实，这个感谢名单还很长……

如果你在家里、社区和国家中感到安全，感谢邻居、警察和军队吧。如果星期日的布道让你精神大振，感谢牧师吧。如果你的工作负担减轻了，感谢同事吧。

除了说出“谢谢”之外，如果你和家人身体健康、衣食无忧，而且欢声笑语不断，那么请你不要忘记和那些不太幸运的人分享这些幸福和快乐。

我相信感谢的威力，我相信它正是通向乐观社会的关键。

我相信我们每时每刻都应该抱有感恩的态度，受到再小的恩惠也应该表示感谢。我相信感谢的威力，我相信它正是通向乐观社会的关键。

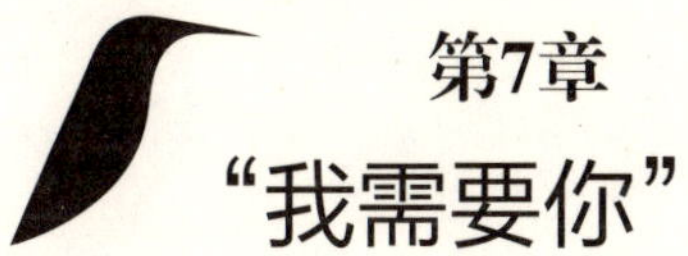

第7章 “我需要你”

如果员工感受不到他人对自己的需要，那么这个机构注定要失败，或者至少一路坎坷。

需要别人的人是世界上最幸运的人。

71 岁的时候，我必须要进行一次心脏移植手术，否则会危及我的生命。我们咨询了美国所有的心脏中心，但是由于我年纪太大，没有一家机构愿意接纳我这个病人。因此，那个时候我急迫地需要别人的帮助，我需要一个新的心脏。后来，终于有人满足了我的需求。伦敦哈尔菲尔德医院的心血管和胸部专家M.雅库接纳了我这个病人。我先去伦敦跟他进行了面谈，因为他想确认我是否能挺过这个心脏移植手术。他对我说："我知道这项手术会给你带来莫大的痛苦，因此在进行手术之前，我需要知道你是否有足够的心理准备和毅力来渡过这个难关。"

雅库的问题重点在于我是否有活下去的动力。其实，当时海伦和两个儿子都陪在我身边，雅库可以看到支撑我活下去的三个动力！在进行了进一步的交谈和确认之后，他同意为我进行手术。感谢上帝他同意了，因为我真的很需要他——这个世界上也许是唯一可以拯救我生命的人。幸运的是，经过 5 个月的等待，我终于得到了一个新的心脏。这次心脏移植手术证明我是对的。毕竟，71岁高龄的人进行心脏移植手术在美国是前所未有的，在英国也非常罕见。找到一个愿意为我做手术的医生已经非常难得了。

另外一个困难就是我的血型太罕见了，所以必须要找到和我相同血型的捐献者才行。然而我的医生说正是罕见的AB型Rh阳性血型成了我的福音，因为医院有时会有我这种血型的心脏，但最终它们都无用武之地。如果不是这种罕见的血型，医院根本就不可能考虑我的移植请求。而且，我是美国公民，只有在所有的英国患者都不需要的情况下，我才能得到捐献的心脏。更为复杂的是，检查结果显示捐献者心脏的右心室必须比较强壮才能符合我的要求。

我在等待中日益虚弱，就在这个时候，我当时的心脏病治疗医生埃玛·比尔克找到了一个捐献者。同一家医院的一位女士需要进行肺移植手术，医生们通常都希望肺移植和心脏移植同时进行。而且，医院已经为这位女士找到了一位在车祸中丧生的捐献者，于是这位捐献者的心脏就成了多余的。多么宝贵的“多余”啊。更加神奇的是，捐献者因肺部问题导致右心室要比常人强壮一些。真是上帝保佑！

这一奇迹的最终解释只有一个：上帝的恩赐。就像我需要雅库医生一样，有人也在指望你、需要你。我们所有人都是被需要的，相信这一点吧，告诉你的伴侣、孩子、员工、同事、垃圾清洁工、牧师：“我需要你。”

“团队里面没有‘我’，只有‘我们’。”我在安利公司经常会听到人们这样说。安利就是一项“我们”的事业。安利公司的原则就是每个人的成功都在为整个公司的成功做贡献。每个人的成功都在不同程度上依赖他人的成功，成绩最突出的人就是那些最能够帮助别人的人。因此，我经常告诉大家“我需要你”，而且我发现它是激励积极人士的有效方式。我们都需要知道有人需要我们，一辈子都不需要别人的人几乎是不存在的。

> 我们都需要知道有人需要我们，一辈子都不需要别人的人几乎是不存在的。

想想你在生活中需要或者曾经需要的人吧：父母、伴侣、协助自己完成工作的同伴或同事、患难见真情的朋友、为你指明方向的老师或教练、危急时刻的警察或者消防员、水管爆裂时的修理工、情绪低落时的牧师、做饭过程中发现缺少关键调料时所寻求帮助的邻居、发生车祸后的保险理赔员以及生病时的医生。我们中的大部分人都很少会想到农民，会想到食物从哪里来。同样，当打开开关发现电力供应正常、打开水龙头发现有干净的水流出来的时候，我们也不会想到公共事业服务者。

过去，在冬天的早晨醒来，发现所有街道上的积雪都被清扫干净的时候，我就意识到是清洁工忙碌了整个晚上，才保证了道路的畅通。当我在寒冷的晚上驾驶飞机快要到达大急流城机场并且听到令人安心的“你们可以降落”的声音的时候，我意识到机场的工作人员都在坚守岗位。“9 · 11”恐怖袭击提醒了我们所有人，我们的消防员和警察冒着生命危险在保护我们，他们都在没有得到我们任何认可的情况下履行了自己的职责。

当前的世界形势也在提醒我们关注忠诚的军人，他们的工作真是令人惊叹。多年之前，我曾有幸在圣迭戈附近登上“星座”号航空母舰参观。我在这艘“巨无霸”上观看了夜间飞行表演，当时我简直不敢相信自己的眼睛。这些技艺高超、训练有素的海军军官驾驶着价值数千万美元的直升机精确地完成了起飞和降落的任务。他们和这些装备精良的战斗机在时刻保卫着我们的海岸线，保护我们国家所需要的重要进口物资。

每当飞行的时候我都会想起“我需要你”这句话。我是一名有执照的飞行员，而且经常乘坐私人飞机旅行，因此我非常熟悉交通控制系统。正是这一系统的存在，才使得飞机不会相互碰撞，特别是在飞越大西洋的时候。在跨越大洋飞行的时候是没有雷达系统的，因此，技术再精湛的飞行员也需要完全依赖交通指挥员。在飞过大西洋上的一些固定位置时，飞行员必须向空中交通指挥员报告自己的位置。要知道，在他们的前后上下都可能有飞机正在飞行。飞行员是看不到其他飞机的，但是因为飞行员在经过固定位置的时候都会报告自己的位置，因此空中指挥员能够了解每一架飞机的位置。

飞越大西洋的飞机都是在不同的轨道上飞行的，这些轨道就是空中的隐形公路。比如，当你乘坐飞机从纽约飞往巴黎的时候，飞机上方 1 000 英尺[①]处可能就有另一架飞机，下方和前方、后方可能也各有一架。当然，你看不到这些飞机，也不知道它们的存在。在我飞行的时候，空中交通指挥员经常指挥我提升或者降低自己的高度，以便让后面的飞机超过去。如果没有这种空中指挥，上方的飞机就有可能在降低高度的时候撞到你，后方的飞机也有可能因为行驶速度太快来不及减速而撞到你。这些指挥都是通过空中指挥员的指令来实现的，他们指挥着数百架飞机每天下午从美国出发，早晨到达欧洲的某机场，然后再指挥它们安全返回。

数百万人的生命都依赖这些人的技巧，我们非常需要他们。也许你还非常需要一些在社区工作的人。我所在社区的活动一直在提醒我们记住那些我们所需要的人。比如，在 2000 年的时候我们成立了一个委员会负责新千年的纪念活动，最终大家决定把工业园区的一块地改造成比纽约中央公园面积还要大的公园。时至今日，我们创建的新千年公园已经呈现出欣欣向荣的景象：一栋海边小屋、两旁种满植物的小径、野餐亭、儿童乐园以及可供泛舟和钓鱼的池塘等。还有许多雄伟的计划等待实施。但如果没有一位特殊的志愿者的辛勤工作，这一切都是不可能完成的。他就是彼得 · S，美国驻意大利前大使，我们社区著名的企业家。彼得在退休之后开始了这项工作，他集思广益、筹集资金，与政府以及企业合作把这一梦想变为现实。我们社区的另外两位重要人

① 1 英尺 =0.304 8 米。——编者注

物——戴维·弗雷和约翰·卡尼帕也参与了志愿者活动，贡献了自己宝贵的时间和才能。

这些都是我们需要他人的一些例子。想想吧，如果没有志愿者，就没有人为筹集资金打电话，也没有人为政治竞选活动拉选票，我们将没有志愿消防员、巡逻队和小联盟团队。环顾你所在社区的四周，想想如果没有志愿者，它会变成什么样子吧。

> 我们往往会把需要的人所做的工作当作理所当然的事情。

我们往往会把需要的人所做的工作当作理所当然的事情。想一想清洁工吧，想一想如果没有人清扫垃圾，我们的世界会变成什么样子吧。我以前曾经讲过一个故事，但是我觉得在这里有必要重复一遍，因为它是“我需要你”的完美例子。一年夏天，我们全家外出度假，住在一个小度假屋里，当时我们遇到了一位出色的清洁工。他非常守时，你甚至可以根据他的工作时间来核对自己手表上的时间。他每天清晨开始工作，尽量不打扰熟睡的人。一天早晨5点半，他开始工作的时候我也起床了。我告诉他：“我只是想告诉你，你的工作是多么出色，我们这里多么需要你。”结果，他没有回答，用奇怪的眼神看了我一眼就继续工作了。

第二个星期我又早起等他。我看着他把我家的垃圾装到他的卡车上。我说：“你的工作很出色。我想让你知道我们多么需要你宝贵的服务，多么感谢你。”他看着我说：“你是一夜没睡还是要早起工作呢？”

我解释说自己早起就是为了告诉他，我们非常珍惜他所做的了不起的工作。

那个夏天我又一次见到了他。他对我说：“我做这项工作已经12年了，直到现在才有人承认我工作的价值。”如果整个夏天垃圾都没有人打扫，那么那个度假村能维持多久呢？我们也许没有告诉过清洁工我们非常需要他们，但事实的确如此，就像我们需要其他许多被我们忽略的人一样。说出“我需要你”这句话是很重要的：我需要你解决这个问题；我需要你和我们一起工作；我需要你参与这项活动；我真的需要你在这里，因为你是我们社区的重要成员。告诉别人你需要他们并没有什么错。我和杰需要顾客，因此我们坦诚地告诉他们，我们需要他们光顾我们的生意，他们对我们很重要。

> 告诉别人你依赖他们并没有什么错。

环顾四周，你会发现自己需要的人实在太多了，但是他们中很少有人能够听到你说出你需要他们的话语。我们忽视了他们，把他们的工作看作理所当然的事情。没有一个上级可以对下级说“我不需要你”。如果一家公司只有总裁，它会生意兴隆吗？如果除雪车司机不工作，那么公司总裁无法在冬天去上班。如果没有管理员的贡献，行政人员的洗手间就会被废弃。如果没有生产线上的工人和维修工人，企业很快就会破产。我们的家庭、学校、企业、教会和社区，我们的整个社会，都是建立在彼此需要的基础之上的。你认识的离群索居的人有几位？这样的

> 我们的家庭、学校、企业、教会和社区，我们的整个社会，都是建立在彼此需要的基础之上的。

人非常罕见，而且不被大家接受，原因就在于我们很少能够离开他人的帮助。就像芭芭拉·史翠珊在《人民》中所唱的那样："需要别人的人是世界上最幸运的人。"

"我需要你"的理念已经深深地植根于我们这个自由社会中。在我看来，我们的经济体系之所以能够顺利运转，其中一个原因就在于人们热爱这种被他人需要的感觉。如果我们每天早晨都知道别人需要我们打开商店大门、准时送达产品或者指导下属，那么责任感会油然而生。想一想有多少职业是被这一动力驱动的：教师、警察、消防员、护士和医生等。

因此，我相信大家都有责任抓住一切机会感谢别人的贡献并鼓励他们。曾经有人问我："你的工作是什么？"我的回答是："啦啦队队长。"我的工作就是四处为大家加油。我鼓励大家，我四处奔走，拍拍大家的肩膀告诉他们，我认为他们很棒。安利公司的基本理念就是鼓舞人心。我们一直致力于提醒人们他们是多么了不起，他们的潜力远远超过了自己的想象。

> 曾经有人问我："你的工作是什么？"我的回答是："啦啦队队长。"

“我需要你”对于积极人士来说是一句威力无穷的话语，因为它表明，没有人是多余的。我们就像飞机发动机的部件、乐队的乐器、足球队中的11位运动员，都是不可缺少的。

> 如果知道别人需要我们，那么我们的自信心就会增强，工作就会更加出色，甚至会不遗余力地证明自己是多么的不可或缺。

如果知道别人需要我们，那么我们的自信心就会增强，工作就会更加出色，甚至会不遗余力地证明自己是多么的不可或缺。我一直都很喜欢在安利公司的制造工厂中漫步。这里的一切都让我感到惊奇和激动不已：机器和生产线把各种原料加工成家庭用品，制造出各种容器，再把液体或者粉末装进这些容器，然后将容器封口、贴上标签，为把它们送到顾客手中做好一切准备。但是，更加让我惊奇的是，构思出这些机器的人以及制造和装配这些机器的人。因此，最让我感兴趣的就是在这些工厂生产线上的员工以及每天准时上班、出色地完成自己工作的其他人。绵延1英里的安利厂房和办公区之所以在每个工作日都能够马力全开，是因为数以千计的人每天准时上班。事实上，美国和全世界其他所有的公司都是如此。

和我一起漫步于工厂的人都会惊讶于我和员工之间的关系如此友好。他们惊讶于我对员工所表现出来的兴趣，而且他们发现我能和大家打成一片。大家会从生产线旁边走过来和我握手或者停下手头的工作给我一个灿烂的微笑："嗨，理查。"我相信这种关系在很大程度上是建立在相互需要的基础之上的——我们需要他们完成自己的工作，因为这对于我们的生意来说至关重要，他们也需要我们提供养家糊口的机会。因此我让他们明白：如果没有他们，商品的制造和运输都是不可能完成的。我们的经销商在经营中也都是彼此需要的。我向他们表明：我了解他们每个人的价值，不管他们的工作岗位是什么。我相信地球上的每个人都是上帝的杰作，我们来到这个世界上是有价值的，每一个人都应该得到其他人的尊重。

几年前，我很喜欢去拉里·金的午夜电台访谈节目中做客，因为我希望听到来自全国各地不同的意见。尽管这的确很美妙，但是我也不幸接触到了幻灭、沮丧和消沉。比如，一位观众打来电话对我说："我们都是某人的奴隶。"我真为他感到痛心。他的历史观完全是扭曲的，他丝毫没有看到几代美国人所取得的成就。我当时在想，他的态度反映出对成功的恐惧和对领导层的不信任。现在，我又意识到，他肯定没有体验过被别人需要和欣赏的感觉。他感觉自己就像一个奴隶，而不是一个有尊严、得到承认的人。我相信现在仍然有许多人错误地认为自己在像奴隶一

> 我相信现在仍然有许多人错误地认为自己在像奴隶一样地工作，而不是自由自在地为创造更美好的社会和未来做出贡献。他们迫切需要听到"我需要你"这句话。

样地工作，而不是自由自在地为创造更美好的社会和未来做出贡献。他们迫切需要听到“我需要你”这句话。

反思过去的领导生涯，我发现从领导口中说出的“我需要你”的话语有多么重要。任何成功的、得到大家尊敬与景仰的领导，都知道自己是离不开大家的。有些人随着地位的提高会逐渐忽略那些在自己看来被甩在后面、不再需要的人，其实这是一个致命的错误。如果员工感受不到他人对自己的需要，那么这个机构注定要失败，或者至少一路坎坷。我们没有人可以自给自足，因此没有人能够离开其他人。为什么不向大家表明“我需要你”的姿态，在家庭、办公室和社区中营造积极的氛围？

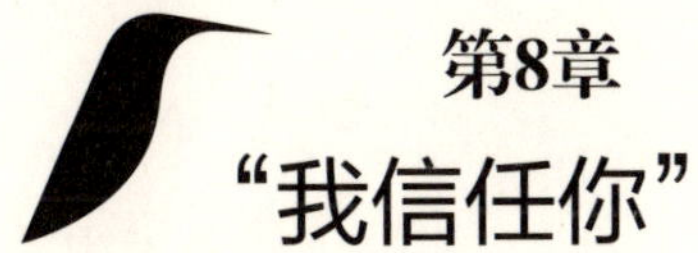

第8章 “我信任你”

信任意味着我们必须言出必行，从开始做生意的那天起，我就明白，这个简单的原则是成功所必不可少的。

如果想要在告诉别人“我信任你”的时候取得最佳的效果，我们必须首先保证自己是值得信赖的。

我的一位朋友曾和我谈起他们家的“信任奖章”的故事。在他们家，每个孩子在21岁生日的时候都有机会得到它，但前提是他们必须得到家人和邻居的信任。比如，他们必须守规矩，不惹任何麻烦。这样，父母也会以信任作为奖励。每个孩子过21岁生日的时候，全家人都会聚集在一起，向过生日的孩子颁发“信任奖章”，并且庆祝他的成功。我认为这的确是个相当不错的主意，它向我们表明了家人之间的信任是多么重要。

对于积极人士来说，“我信任你”是另外一个非常有力的话语。其实，我们整个社会的成功就依赖于大家是否相信他人工作踏实、为人诚恳、信守诺言。不管是在同事之间还是在家人之间，我们都需要信任。我们信任自己的孩子，他们也信任我们。我们中的许多人所承担的重大责任都是建立在信任之上的。想想吧，我们生活中的大部分活动——驾驶、工作、领薪水、购物、与银行打交道、结婚、养育孩子，甚至和邻居相处，都在不同程度上依赖信任。面对这一现实吧，没有人愿意和不值得信任的人打交道，更没有人愿意追随一位不值得信赖的上司。

> 没有人愿意和不值得信任的人打交道，更没有人愿意追随一位不值得信赖的上司。

信任是领导者必须具备的关键素质，一位可敬的领导者首先应该是值得信赖的。其实，领导力是起源于家庭的，因为只有值得信赖、值得追随的家庭成员才会在家中树立自己的威信。所有的父母都是领导者，因此我们的孩子也需要知道我们是值得信赖、诚实和正直的。我们也需要信任自己的老板，相信他会公正守法，会对下属一视同仁。如果我们无法信任政府的领导者，那么我们的民主体制就岌岌可危了。

> 信任是领导者必须具备的关键素质，一位可敬的领导者首先应该是值得信赖的。

如果别人信赖你，那么他们会模仿你、追随你，和你交朋友、做生意。同样，如果你想和别人交往，那么首先一定要确认他们是值得信赖的。

事实上，我与别人所有的交往都是建立在信任的基础之上的。安利公司的所有建筑，不管是最初的小加工厂还是现在绵延 1 英里的公司建筑工程，都是通过口头承诺建造完成的。安利大广场饭店的建造也是仅有口头承诺，根本没有签订任何合同。我们最初的承包商丹·沃斯总会给我们一份预算计划书，而我和杰会说“好的，就这样吧”。工程完工之后，丹会计算所有费用，然后告诉我们总费用是多少，他该拿的利润是多少。他只拿出其中的10%作为自己的利润。我们开始建造的建筑规模很小，因此风险不大。但是丹用自己的行动赢得了我们的信任，因此以后的大项目也都沿用了这一做法。

不幸的是，不是所有人都像丹那样值得信赖。我们总是不得不应付那些为了自己的利益而背信弃义的家伙。正是由于互相的不信任，我们都成了警惕的陌生人。一些银行或者商店甚至在兑现支票的时候要求出示至少两份证明，以防冒领案件发生。为了防止恐怖袭击，在一些戒备森严的机场，我们还必须脱掉鞋子接受检查。但是，相对于每天不计其数的交易来讲，空头支票和安全威胁的数量还是非常少的。值得高兴的是，大多数人都是诚实可靠的，因此我们的社会和经济体系还是能够维持的。

我和杰非常信任对方，只要我们中的一个人做出了决定，不管涉及多少金额，另一个人都会接受。接受对方的决定已经成为我们之间的默契。杰经常会说：“如果理查已经做出了承诺，我也没问题。”我也会说：“好的，没问题。杰说什么都没问题。如果我不在，那么就由他来做决定。”

信任是通过共同经历建立的。我对杰的信任就是在我们友谊刚开始的时候建立的。从高中起，我们就一直在讨论共同创业的事情，问题是“我们究竟应该选择什么行业”。事实上，“二战”后杰开始我们的飞行生意时，我还在海外服役。我们一直相信飞行在“二战”后会成为一个热点，因此比我提前退役的杰开始考察飞行行业。战争中有如此众多的飞机和飞行员，因此我们以为战后每个人都会拥有自己的私人飞机。这一设想根本没有实现，但是飞行行业的发展还是远远超出我们的预料。

我还在马里亚纳群岛服役的时候，杰写信告诉我有人打算在城北部的一个小型社区建设一个新机场，当时杰正在和他洽谈。他说此人正在寻找投资者帮助自己管理机场、开设飞行课程，并且提供其他飞行服务。于是我告诉父亲把我所有的积蓄交给杰，一共 700 美元，都是我从空军每月 60 美元的津贴中省下来的。其实，我把所有的积蓄毫不犹豫地交给杰就是对他说“我信任你”。

信任是友谊的基础，社区中同样需要信任，其实我们整个社会也都是建立在信任的基础之上的。如果没有信任，合同将会一文不值，商业活动根本无法进行。如果不相信人们都会遵守交通规则，整个交通体系就会陷入瘫痪状态。如果不信任老师，家长就不会让孩子上学。因此，没有最基本的信任，我们整个城市都会陷入停滞。

商业活动、社会活动，甚至整个世界都需要信任才能正常运转。国家与国家的关系出现问题通常都是由于缺乏信任，因为各国的政治家没有坦诚相对、共同努力解决问题。

没有信任就像火车没了车轮，火车是不可能正点到达目的地的，在任何组织、社会或者体系（家庭、教会、学校）中都如此。如果我们不相信老师能够每天准时上班、公正地对待每个学生，那么信任无从谈起。如果我们不相信从普通警察到美国总统在内的权威或者领导者可以公正地执行权力，那么整个社会会失去黏合剂。

即使在诚信社会中，我们仍然会怀疑他人是否真诚，因为我们遇到过太多的虚假广告、不实的承诺或者不可靠的人。因此我们总会用语言或者姿势向别人表明：我们是信守诺言的。比如，我们会发誓“如有虚假，天打五雷轰”，或者把手放在《圣经》上起誓，或者签订书面合同等。但是，《圣经》告诉我们，只要诚实地表达自己的想法，就可以得到别人的信任，不需要其他的修饰。在诚信社会中，语言本身就应该足够。

领导安利公司这样一个与数百万人打交道的国际企业，我只能认为几乎所有的人都是值得信赖的，我也必须信任大家，我甚至信任地球另一端的陌生人。我们把在密歇根州亚达城安利工厂生产的产品装进集装箱，然后把它们放入卡车或者火车运往西海岸，再依靠远洋货轮将货物运抵东京。我们的产品再从东京发往亚洲各地，其中的一些产品还可能被转运到澳大利亚的悉尼，然后在悉尼再分发给澳大利亚各地的经销商。如果我不相信人们能够准时地把产品送到正确的收货人的手中，那么我每个晚上都没办法睡觉了。

信任意味着我们必须言出必行，从开始做生意的那一天起，我就明白这个简单的原则是成功必不可少的。我们安利公司的第一个产品LOC（乐新清洁剂）是由底特律一家小制造商生产的。它是我们的第一个生意伙伴，

信任意味着我们必须言出必行，从开始做生意的那一天起，我就明白这个简单的原则是成功必不可少的。

事实证明那个老板不可靠。他根本没有办法给我们提供质量稳定的货物。比如，他卖给我们的第一批货的盖子是红色的，第二批货的盖子就变成了黄色的，下一批货的盖子又变成了蓝色的。有时候液体是透明的，有时候液体是浑浊的。由于他之前的生意赔了不少钱，所以我们给他的货款都被他用来还债了，他根本没有资金购买日后生产所需要的原材料。

有时候，我们还会收到他从其他供应商那里买的瓶子，在我们的产品标签下面还有其他产品的标签。有一次，产品上的标签甚至都脱落了，显露出瓶子原有的那些装马桶清洁剂的标签！这位老板如此不可靠，于是我们找到了另外一位声称自己可以生产同样产品的制造商。结果第一位制造商以我们偷窃了他的配方为由起诉了我们，要求赔偿他 25 万美元。我和杰听到此话大笑了一番，因为我们没想到自己，或者我们的小公司，能值那么多钱。我们也从中得到了几条重要的教训：我们需要值得信赖的人来提供质量可靠的产品，以及稳定的运输服务。我们明白，产品是不会自己进行推销的，我们生意成败的关键在于和他人关系的好坏以及是否能够赢得他人的信任。现在，安利公司每天生产的产品有 100 多种。这些产品的质量是销售的关键，而且是使顾客满意的关键，因此，我们拥有十分严格的质量控制体系。这些产品都是朋友卖给朋友、家人卖给家人的，也就是说，人们都是从自己信任的人手中购买安利公司的产品的。

信任建立在这样一个黄金法则之上：我们相信别人能够投桃报李，

这不仅可以给我们带来信心，而且会鼓励我们坚守承诺。安利公司的经营策略从未动摇过，对此我感到非常自豪。在过去的近60年中，安利公司销售人员的收入都是通过销售产品的数量和自己推荐进入公司的其他营销伙伴的业绩来决定的，这一策略从来没有发生过变化。如果一位营销伙伴介绍其他人进入安利公司，那么他是被介绍人的合作伙伴。这就是信任，这也是他们的责任。即使在销售人员去世之后，我们也会继续把他应得的报酬交给他的家人。

当有人把“我信任你”的荣誉授予你的时候，你就会感觉到身上担子的分量。我信任你，相信即使我不在这里监督，你也能够按时完成工作；我相信你能不负众望、勇挑重担；我相信你能够信守诺言，准时赴约；我相信你会偿还贷款；我相信你会好好爱惜你从我这里借的汽车。

> 如果想要在告诉别人“我信任你”的时候取得最佳的效果，我们必须首先保证自己是值得信赖的。

如果想要在告诉别人“我信任你”的时候取得最佳的效果，我们必须首先保证自己是值得信赖的。如果我们不能信守诺言，那么信任很快会灰飞烟灭。信任一旦被辜负是很难恢复的，对于孩子来说尤其如此。如果你向孩子许下了某项承诺，那么你一定要兑现。信任就是这样建立起来的。你如果无法做到，就坦白承认，以免误导他们。我们必须学会绝对诚实地对待孩子，哪怕有时候会伤害到他们。

我在童年时向父母索要玩具的时候，他们经常对我说："你知道的，我们买不起。"这真是一个既简单又实事求是的回答。诚实的回答很重要，因为只有这样，才能建立别人对我们的信任。不管答案是什么，我们在任何时候都必须实话实说。在做出回答之前，我们必须认真思考哪些是能够做到的，哪些是无法做到的。如果你以诚恳的态度对待别人，那么信任也是顺理成章的事情了。

只有值得信赖的人才能够赢得大家的信任，不过你也可能遇到不值得信赖的人。比如，你的生意伙伴可能会耍小聪明、在订单上故意遗漏一些细节，或者在确认你已经成为固定合作伙伴之后开始偷工减料。这些人都辜负了你的信任。作为一个航海经验丰富的水手，在我看来，在社会中失去信任和在帆船上失去信任同样危险。航海是一项集体运动，极具危险性。一艘大帆船构造复杂，因此在暴风雨袭来的时候也更容易出现问题，危及船员的生命。

最近，我和一位与我们一起参加比赛的年轻人聊天。他是头桨手，因此必须时刻准备着爬到桅杆上面解开缠在一起的绳子或者帆。这项工作是相当危险的，如果绳子突然断开，他就会重重地摔下来。他向我讲述了最近一次的航海经历。当时电闪雷鸣，帆船在狂风中剧烈地摇晃。他沿着剧烈抖动的绳子爬上了桅杆顶端，想要解开缠绕在一起的帆，结果被重重地甩在桅杆上。就这样，每次帆船剧烈摇摆的时候，他都会被重重地甩在桅杆上。当同伴终于能够把他放下来的时候，他已经是伤痕累累，完全失去了知觉。当时的航行速度是每小时 7~8 英里，离最近的港口还有几个小时的航程。后来他终于被送进了医院，身体逐渐康复。在这里我想说的是，航海和生活一样，危机四伏，我们必须相信他人能够帮助我们完成独自一人所无法完成的任务。

你必须相信同船工作的伙伴。绳子可能会断裂，帆船可能会颠簸。如果操作不够迅速的话，绞盘也会非常危险。毫无疑问，航海是一项需要大家密切合作的集体运动。和人生一样，它充满了艰难险阻，特别是在大海发怒的时候。航海是一项团队工作，负责观望的舵手、船长、导航员，以及不断整理帆和绳索的船员之间必须互相信任。他们必须相信大家都能出色地完成任务，因为一个微小的错误就可能导致船上的人受伤甚至落水。生活也是一项集体运动。在航海过程中，船长、导航员和其他船员都必须相信大家能够完成自己分内的工作，生活中也是如此。我们必须信任那些在某方面比我们强的人。生活也可能很危险，我们必须相信别人能够胜任自己的工作，而不是危害其他人。

生活也可能很危险，我们必须相信别人能够胜任自己的工作，而不是危害其他人。

在奥兰多魔术队，信任的表现是无私。每一个球员都想提高自己的记录和总得分，但是只有传球才能做到这一点，因为无法顺利投篮的球员必须把球传出去，哪怕他非常想投篮也必须如此。除了传球外，球员们的无私还表现在另外一方面：平衡防守与进攻。球员们必须在球场上跑来跑去，迅速转换于进攻与防守之间，因此打篮球是相当消耗体力的。防守尤其辛苦。体力下降之后球员们的投篮准确率也会下降，因为他们已经无法找到投篮的节奏。球员必须迅速转换于进攻与防守之间的状态，是需要大量体力和赛前训练的，但同时这也是团队精神的体现。信任意味着无私地做出对大家最有利的选择，哪怕牺牲自己的利益。我们都需要这种团队精神。

> 信任意味着无私地做出对大家最有利的选择，哪怕牺牲自己的利益。我们都需要这种团队精神。

“我信任你”这个威力无穷的话语有利于巩固人与人之间的关系。信任是一份无形的合同，我们的家庭、婚姻、工作单位和社区都离不开它。这句话表明了我们对伙伴的信心。正如航海团队或者篮球队一样，信任也是我们的社会正常运转的基础，我们都是彼此依赖的。告诉别人“我信任你”传达了一条特殊信息。我会抓住一切机会告诉孩子、朋友或者生意伙伴“我信任你”。

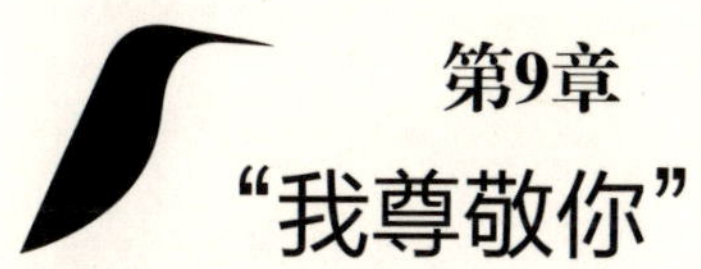

第9章 “我尊敬你”

只有能够尊敬别人并且赢得别人尊敬的乐观领导者，才能逆转趋势，使组织重新找回创业阶段的热情与效率。

我们可能会遭到许多人的拒绝，但是只要不放弃、不抛弃，上帝最终会为我们开启另外一扇门。

我的父亲西蒙的名声一直很好，大家都很喜欢他。我想这肯定是因为他也喜欢别人、尊敬别人。他教给我的最宝贵的一课是：每个人在某方面都有自己的价值和天分。不管他们是谁、工作岗位如何，所有的人都是很重要的。因此我们必须学会尊敬他们，他们同样也会以尊敬作为回报。其实，本书中的这些话语都可以归结为，向我们认识和遇到的所有人表达敬意。一旦我们开始努力发现别人身上积极的方面、寻找他们值得尊敬的品质，致敬就会成为一种自然而然的习惯。本书中提到的其他话语也都威力无穷，但是“尊敬”稍微有点复杂。告诉别人“我尊敬你”固然可以起到很好的效果，但是敬意是需要努力才能赢得的，也是需要行动来表现的。尊敬是相互的，如果你想得到别人的尊敬，首先必须尊敬别人。人们是能够察觉到你是否珍视、尊敬他们的。无礼是很难掩饰的，人们几乎可以依靠自己的本能察

敬意是需要努力才能赢得的，也是需要行动来表现的。

觉别人的态度。

我有一位朋友，他经常把钞票按照面额大小排列好，然后整齐地放进钱包里。有一天，我忍不住问他为何如此小心翼翼，他回答："我尊敬钞票，因此我满怀敬意地对待它们。"如果表达敬意也能如此简单该有多好！大家会自然而然地尊敬钞票，而我们却不得不通过努力才能赢得别人的敬意或者向别人表达敬意。

有人说世界上只有两种人。一种人走进房间后会说："我来了！"另外一种人则会说："嗨，你已经来了！"我们必须成为第二种人，因为获得尊敬以及表达敬意都始于倾听。每个人都会取得或多或少的成就，你如果对他们有所了解，就会发现自己完全能够找到理由告诉他们"我尊敬你"。有时候人们在参加午宴或者其他重大活动之前会问我："我应该和大家谈点什么好？"我的建议是提问题，因为这样可以轻松地找到话题。人们曾经评论我在社交场合与人交流的时候总是表现得游刃有余。其实回头想一下，我说的很少，提的问题却很多。比如，在一次家庭聚会上和我的侄女聊天的时候，我只问了几个简单的问题："你的孩子们现在情况如何？是不是有个孩子马上要

世界上只有两种人。一种人走进房间后会说："我来了！"另外一种人则会说："嗨，你已经来了！"我们必须成为第二种人，因为获得尊敬以及表达敬意都始于倾听。

中学毕业了？”接下来，她就开始滔滔不绝地向我讲述自己的儿子如何在高中毕业的时候，在 600 名学生中取得了第 3 名的成绩，并且得到了 4 所一流大学的奖学金。哇，这真是我应该尊敬的成就。后来遇到她的儿子时，我已经了解了他的一些情况，因此我可以告诉他：“祝贺你！你值得我尊敬！”

当我的儿子狄克竞选州长的时候，顾问要他必须学会在一分钟内完成问候与交流。在竞选中，候选人需要和尽可能多的人握手、打招呼，这就需要他们在一分钟之内完成交流，接着转向下一个选民。狄克天生不善此道，因为他更习惯以诚恳的态度和人们进行深入的交谈、提问，然后倾听。我们教育他要尊敬别人，不管对方身份如何。他的这种天性也许没能帮他在竞选中获胜，但是我想至少人们都认为他是一个懂得倾听、尊重他人的人。如果你能够表现出对他人的兴趣并且认真倾听他们的话，那么受到尊敬就是自然而然的事情了，周围的人也会很快发现你是一个尊敬别人的人。

找到尊敬别人的理由其实很简单，因为每个人都很乐意谈谈自己的情况。只要你关注别人的生活，谈话中就不会出现令人尴尬的沉默。事实上，有些人在谈论自己的想法或者事情的时候，永远不会感到厌倦。有个故事是这样的：一个特别喜欢谈论自己的人在结束滔滔不绝的自我介绍之后说：“我说得已经够多的了。现在说说你对我的看法吧！”我们所遇到的大部分人都有些沉默寡言，鼓励他们谈谈自己的情况是非常有效的。别人问及我们的观点或者事情，其实已经是对我们莫大的恭维。但是在很多情况下，人们都会迫不及待地打断别人的话来表达自己的观点、叙述自己的经历，这是人类的天性。我们都希望得到别人的尊敬、爱和欣赏。在这种情况下，我们应该找出别人的优点和成就，然后大声说："你太了不起了！我对你充满了敬意！"有那么多人努力想要得到别人的敬意，所以我们更不应该吝啬对别人的尊敬。

有那么多人努力想要得到别人的敬意，所以我们更不应该吝啬对别人的尊敬。

表现出对周围所有人的兴趣是表达崇高敬意的方式之一。电影明星威尔·罗杰斯曾经说："我从来没有遇到过自己不喜欢的人。"对于那些遇到过难缠的同事、意见相左的邻居的人来说，这句话可能让他们难以置信。我想，威尔·罗杰斯就是那种对所有接触到的人都表示出浓厚兴趣，并且努力找出他们优点的人。也许曾经有那么一两个人，我很难找出他们可敬的地方，但这很可能是因为我没有太多的机会和他们聊天，深入地了解他们。

然而，我敢拍着胸脯说，我一直对人充满了热爱和兴趣。我甚至还发明了一个小游戏帮助自己更好地了解周围已经认识的人，它的名字叫作"箱中人"。在和朋友、家人聚会的时候，我们会选出一个人进入"箱子"，他需要讲述自己的故事、回答我们的问题。我发现，当人们乘坐游艇在水上放松了一天之后，这个游戏的效果尤其好，因为大家如果不愿意谈自己的事情的话，那实在很难找到其他的娱乐项目了。我们会惊奇地发现对彼此的了解实在有限，哪怕对方是我们最好的朋友。竖起耳朵倾听别人就可以让我们了解更多事实。我不知道周围所有人的故事，但是人们经常会说我似乎很乐意停下来和各种各样的人打招呼、了解他们。饭店的服务生、帆船的水手以及候诊室里的病友，都让我受益匪浅。

我们必须表现出对别人的兴趣、倾听他们的心声，记住别人的名字与容貌这么简单的举动也可以表达对别人的敬意，从而赢得别人的尊重。如果其他人，特别是重要的人，能够记住我们的名字，那么我们会感觉到被尊重。我尊敬乔治·布什总统，因为每次遇到他的时候他都会说：“嗨，理查！”他根本不需要说出“我尊敬你”这句话，因为在华盛顿特区这个地方，日理万机的总统能记住我的名字就已经说明了一切。叫出别人的名字就已经表达了我们的敬意。许多人根本不重视名字，但是在我看来，名字是良好人际关系的基础。如果我去参加的聚会全是陌生人，那么我肯定会感到尴尬。因此在参加大型聚会之前，我甚至会先浏览宾客名单，特别关注一下那些我不认识的人。养成记住别人名字和容貌的习惯本身就是一种尊重。我在安利工厂漫步的时候，员工经常会朝我挥手致意：“嗨，理查！”我们公司的氛围之所以如此友好，就是因为我能够记住员工的名字。

当我向周围的人表达敬意的时候，我得到了什么？尊敬。表达敬意首先就是要暂时忘掉自己、关心别人。多年来在安利公司的员工会议上，我一直通过这种方式向大家致敬。我们尊重员工的观点和能力，因为我们首先尊敬他们本人。我们觉得他们应该有机会和我们坐在一起，提出自己的意见和建议。这样他们就会慢慢了解我了，我也通过提问和倾听慢慢地了解了他们。他们发现我并不是一个坏人，我对他们也并非心存歹意。尊敬就是这样形成的。其实，意见箱也是表达敬意的一个很不错的方式。由于高傲而忽视他人绝对是一个严重的错误。我们如果真的想成为举足轻重的人物，就必须关注他人、尊敬他人。这才是真正的成功之道。

> 我们如果真的想成为举足轻重的人物，就必须关注他人、尊敬他人。这才是真正的成功之道。

真正的敬意是不应该有任何社会障碍或者经济障碍的，社会上各行各业的人都不应该被遗漏。在安利公司成立初期，有一位员工负责厂区的所有清洁和打扫工作。有一次我对他说："哈里，你的工作一直都很出色，为什么不申请公司里其他更好的职位？"他回答说："不，我喜欢现在的工作，而且很乐意继续做这项工作。不要担心我，也不要给我升职。"其实他的意思就是他对自己的工作是很有成就感的，因为他得到了大家的尊敬。我们经常称赞他的工作出色，因此他肯定了解我们对他的敬意和感谢。

我还记得有一位卡车司机，他的驾驶技术非常娴熟，因此我们把他提升为车队队长。结果一年后他来找我："撤掉我的职务吧，它不适合我，我还是想回去开车。"他拥有足够的自尊，因此能够了解自己喜欢什么，不喜欢什么，并且也敢于表达。他不喜欢做管理工作，而是喜欢开卡车！他的工作好坏对公司的成败至关重要，这让他非常有成就感。在我们公司，尊敬并不是建立在职位或者头衔基础上的，因此他不会有任何不舒服的感觉。

如果我们相信每个人都是上帝创造的、有价值的个体，那么我们不会忘记“己所不欲，勿施于人”的道理。上帝创造每个人都是有意义的，每个人都是有价值的。我们需要尊敬所有的人，而不是把他们的才能和职位与我们自己的做比较。“我比你更出色”或者“我比你更强大”的想法本身就是无礼的表现。我们如果戴着有色眼镜或者成见看待别人，就已经剥夺了他们的尊严和个性。因为自己的偏见，我们会贬低他人。总是与别人攀比是没有任何意义的，因为总会有人比我们更出色，也总会有人比不上我们。攀比也许是我们竞争精神的体现，但是它毫无益处，而且粗鲁无礼。

> 我们需要尊敬所有的人，而不是把他们的才能和职位与我们自己的做比较。

我们需要尊敬所有的人，而不是把他们的才能和职位与我们自己的做比较。

真正的尊敬应该是超越政治、宗教和家庭背景的。即使来自不同的家庭背景，观点迥异的人也可以相互尊敬。过去，不同政党之间还能够非常尊重彼此的意见，共和党和民主党还经常一起共商国是。他们在国内事务上可能有分歧，但是在外交事务上保持绝对一致。1928—1951年担任密歇根参议员的亚瑟·范登堡来自我的家乡大急流城，他以善于调和两党意见而闻名。1977—1987 年担任众议院发言人的蒂普·奥尼尔也是调和两党争议的高手。最起码他能够使意见相左的双方对彼此保有敬意。其实政见不同无所谓，重要的是我们不要进行人身攻击。在学会倾听和真诚地关注他人之后，我们就可以发挥“我尊敬你”的威力了。告诉一个人你尊敬他是莫大的赞誉。

我们还需要尊敬别人的决定和感受，即使我们并不赞同。在 2007 年佛罗里达大学鳄鱼队夺得了NCAA（全美大学生体育协会）篮球冠军之后，主教练比利·多诺万与我们签订了一份协议，同意到奥兰多魔术队执教。签约的消息是在新闻发布会上公布的，当时ESPN（美国娱乐与体育节目电视网）和其他全国性的体育媒体都对此进行了报导。后来他改变了主意，决定放弃来NBA执教的机会，留在盖恩斯维尔继续执教大学生联赛。他给我打电话进行了解释，在倾听了他的想法后，我告诉他，我尽管并不赞同他的决定，但是仍然尊重他的意愿，与他解除了合同。几个星期之后，他又出人意料地打来了电话，感谢我们在处理这件事情上所表现出来的风度。这个例子也很好地说明了我们多么需要无时无刻地对他人保持敬意。

> 和信任一样，尊敬也是成功人际交往的核心，不管是在家里、单位，还是球队，都是如此。

和信任一样，尊敬也是成功人际交往的核心，不管是在家里、单位，还是球队，都是如此。在奥兰多魔术队，我经常和球员们聊天，鼓励他们相互尊重。集体运动需要以对运动和同伴的尊重为基础。伟大的教练都知道如何鼓励球员、赢得他们的尊重。在篮球场上，虽然每个球员都希望得分，使自己扬名立万，但是他也必须感谢队友们的帮助，感谢他们的才华与贡献。如果没有尊重与信任，通力协作是不可能实现的。不管是在运动场还是商场，情况都是如此。我和杰之间的友谊之所以能够牢不可破，就是因为我们之间互相尊敬。我或杰出差的时候从来不会担心公司的事情，因为我们都知道即使自己不在，对方在做决策的时候也会考虑彼此的感受。这就是尊敬。

信任的基础源于家庭，首先我们必须学会尊敬自己的父母和兄弟姐妹。不管是小家庭还是大家族，我们都应该为所有成员提供支持和真诚的祝福。你如果听到表兄弟或者侄子有出色的表现，就应该祝贺他们。我们应该支持所有的家庭成员，关心他们的情况。只有这样，家庭才能成为真正的家庭。

在选择安利公司下一代接班人的时候，我们决定要由家族成员来担任，这也需要敬意。现在负责安利公司的是我的儿子德，其他的家庭成员都很尊敬他，并且相信他会做出明智的决策。我们现在需要做的事情就是让家中的第三代了解我们的企业，了解我们的家族必须要为数百万名员工和营销伙伴负责，而这些员工和营销伙伴正是他们需要尊敬和感谢的。开始创办企业的时候，我和杰就相信许多美国人都希望拥有自己的事业。后来我们发现，其实世界上许多人都想拥有自己的事业。我们这一信念是建立在对他人的尊敬之上的。如果我们不相信他人是值得信赖和尊敬的，那么我们根本就不会创办安利公司。

我们的许多员工都感受到了自己所受到的尊重，就好像我们是一家人一样。对此我感到很高兴。在我们家族买下奥多兰魔术队的时候，尼克·安德森就是球队中的一员。大约一年前他告诉我，在奥多兰魔术队打球是他唯一真正热爱的工作，而且愿意回来接受任何岗位。“我非常希望成为奥兰多魔术队的一员。那里是我的家。”他这样对我说。尼克非常善于人际沟通，现在是奥兰多魔术队的亲善大使，他为我们提供了莫大的支持。我很高兴知道他之所以愿意回来是因为奥兰多魔术队对于他来说就是一个家。作为一个家族企业，我们非常希望员工能明白我们的敬意。

> 在任何企业或组织，不管员工之间已经建立了多么积极的人际关系，如果他们对彼此缺乏敬意，那么该企业或组织注定要失败。

在任何企业或组织，不管员工之间已经建立了多么积极的人际关系，如果他们对彼此缺乏敬意，那么该企业或组织注定要失败。如果一个组织的员工从互相尊敬变为自私自利、互相倾轧，那么这个组织一定会走下坡路。多年来，我发现许多组织都会经历同一个发展模式：文化氛围从充满敬意变为自私自利。这些组织通常都会经历四个阶段：创业阶段、发展阶段、斗争阶段、遣责阶段。第一阶段，有人提出了一个伟大的梦想，其他尊敬他的梦想的人热情地投入创立新组织的狂热中；第二阶段，人们开始把时间和精力从创业转移到管理上；第三阶段进入保卫时代，人们保卫已有成果和竞争优势；第四阶段是内讧阶段，人们为了各自的利益彼此倾轧，遇到挫折就相互指责。当初创业时的狂热和激情已经被抛诸脑后，人们关心的只剩下如何瓜分战利品。也许你在工厂、学校、教会或者政府机构都曾发现过这种模式。我觉得只有能够尊敬别人并且赢得别人尊敬的乐观领导者，才能够逆转这一趋势，使许多组织重新找回创业阶段的热情与效率。

只有能够尊敬别人并且赢得别人尊敬的乐观领导者，才能够逆转这一趋势，使许多组织重新找回创业阶段的热情与效率。

当然，并不是所有组织、所有人都愿意尊重他人。有时候我们也会遭遇唐突和无礼。我很早就明白了这个道理，并且发现，我们不仅要学会表达敬意、赢得尊重，而且要学会在遭遇无礼时保持乐观的态度。我现在还清楚地记得第一次受到众人尊重时的感觉。我的以“销售美国”为主题的演讲第一次让我感觉到，我和我的一些经验赢得了听众的尊敬。这种尊敬不仅因为我创办了安利公司，而且因为我对这个美好国家的积极态度。这是我的第一个公众论坛，当时我还怀疑自己的演讲是否值得当地媒体如此尊敬与认同。令人高兴的是，现在我已经不再怀疑了。我相信，我们都希望看到自己能够以正面的形象被更多的人知晓，因为这是对我们成就的莫大尊重。

因为我参与社区活动的次数日益增多，作为企业创始人的名气也越来越大，我的名字经常会出现在家乡的报纸上，我也因此结识了多家报纸的编辑。有一次我对一位编辑说："你那篇关于安利的报道虽然登在头版，但它并没有引起轰动。""没错，"他回答，"那篇报道不轰动，但是因为你很引人注目，所以跟你有关系的报道都会受到关注，这都源于你对社会所做的贡献。"在我看来，这已经是最崇高的敬意了。

其实，我与媒体最开始接触的时候没有受到尊敬，现在想一想真是有趣又好笑。在纽崔莱创业初期，我们想要在报纸上刊登分类广告以招募经销商。广告内容很简单："兼职工作，月收入 1 000 美元，提供全方位培训。"但是许多报纸都不愿意刊登这则广告，理由是我们无法保证经销商的收益。对此我反驳道，虽然我们无法保证收入，但是至少为愿意工作的人提供了一个机会。当时许多人都不太尊敬我和杰，以及我们的安利事业，他们嘲笑我们，说我们的公司是永远不可能成功的。对此我们已经学会了听而不闻。如果你相信自己的选择，那么不管别人如何不尊敬它，你都要勇往直前。就像杰经常说的那样："不管狗是不是在'汪汪'叫，大篷车都得继续上路。"

有些人之所以会对其他人缺乏敬意，是因为他们不相信别人。有一次，一位和我熟识的银行家告诉我，安利公司永远不可能成功，因为人们是不可信赖的。在安利公司，营销伙伴要负责向同组的其他营销伙伴发放月度奖金。这位银行家问我："你凭什么觉得每个人都会把奖金发下去呢？”我回答：“因为人们的本性都是诚实的。”我从来没有觉得他们会把奖金私自扣下！我们公司从来没有拖欠过奖金。这展现了尊重和信任的力量，它们的威力足以消除那些消极、无礼的人的疑虑。

> 消除人们无礼态度的一个既有效又简单的方式就是向他们表达敬意。

我发现消除人们无礼态度的一个既有效又简单的方式就是向他们表达敬意。许多年前，我曾经带领纽约帆船俱乐部去澳大利亚参加“美洲杯”预选赛，当时澳大利亚人对美国队充满了敌意。他们一直对纽约帆船俱乐部疯狂保卫冠军头衔心怀不满，把美国人称为“不择手段赢得胜利的‘美国佬’”。事实上，在此之前的132年中，“美洲杯”冠军都是由纽约帆船俱乐部包揽的，但在那一年（1983年），它输给了澳大利亚队，因此澳大利亚对自己成为第一个从美国手中夺走冠军的国家而感到非常自豪。许多澳大利亚人都利用这一机会嘲弄美国队员，甚至一些海关官员也奚落他们。但是在我和球队前往澳大利亚之前，我决定要以友好、亲切的态度来对待他们，我还决定要深入群众，与澳大利亚民众握手、交谈。最终我们输掉了比赛，没能从预选赛中脱颖而出，但是我相信我们的努力改善了澳大利亚人对我们国家和俱乐部的印象，让他们明白“美国佬”并没有那么糟糕。

另外一个我们需要消除的是尊敬的对立面——拒绝。我们总会应对拒绝，这是迟早的事情。我在需要一个心脏来救命的时候，却遭到了美国所有心脏中心的拒绝，这对于我来说绝对是致命的抛弃。他们都说我的年纪太大了，不适合做心脏移植手术。最后，英国的一位医生接纳了我，这就是生活。我们可能会遭到许多人的拒绝，但是只要不放弃、不抛弃，上帝最终会为我们开启另外一扇门。对纽崔莱产品，我们知道，平均拜访 4 个人就会有一个人购买。生活和销售一样，在赢得尊敬之前，我们总要应对众多的拒绝。但是如果我们相信、尊敬自己和他人，那么最终这些拒绝所带来的不快乐都会消散。

也许由于从事销售工作已有多年，也许是我的天性使然，我并不十分在意遭到拒绝或者遇到无礼的人。我关心的是那 1/4 决定购买的人。从高中时就与我相熟的一位同学告诉我：“哦，老天，你总是那么乐观，总是团队中的领袖，总是我们的开心果。”当时的情况是否真的如此，我已经不记得了，但是很明显有人记得我是一个如此激情四射的人。我相信这无疑是因为我的父母为我营造了一个充满爱和尊敬的家庭氛围。如果你在家庭中能够感受到尊敬，那么你肯定是愉快舒畅的。你如果感受不到尊敬，就很难对其他人表达敬意，因为你根本不可能获得信心和乐观的心态。因此我建议大家通过良好的品行赢得别人的尊重，因为这是成功的关键，而且我们有能力做到这一点。在与别人首次碰面的时候，请你提问、倾听并且表现出真诚的关心吧。让自己的行为举止也充满对他人的敬意吧，这样可以大大改善我们的自我感觉和对别人的印象。

回顾多年的领导生涯，我坚信，对他人表示尊敬是领导者应具备的最重要的素质。如果你不懂得尊重自己的同事和下属，那么再多的管理知识也发挥不了太大的作用。如果他们不尊重你，那么你根本称不上是一位领导者。我也认识一些领导，他们总是想要通过自己的权势来要求别人尊重他们，通过威胁而不是鼓励来激励下属。但是要知道，尊重是无法强求的！我们大家在工作和生活中都有领导，想想那些你尊敬的领导吧，我敢肯定他们之所以赢得你的敬重，是因为他们关心你。你尊敬和仰慕的领导很可能能够记住你的名字，表扬你出色的工作，停下来和你聊天或者问候你的家人。赢得尊重是很简单的事情，它不需要复杂的技巧或者管理学学位，但同时它是成功领导必须具备的条件。作为家庭中的领导者，父母需要倾听孩子们的心声，公平地对待每一个人，从而赢得他们的尊敬。作为教室中的领导者，教师需要了解每个学生的不同情况和需要，以此表达对他们的尊重。医生表达和赢得敬意的最好方式就是更多地了解病人，这比他们在病历上做记录更重要。总之，所有领域的领导者都有机会表达尊敬和赢得敬意。

你尊敬和仰慕的领导很可能能够记住你的名字，表扬你出色的工作，停下来和你聊天或者问候你的家人。

我们都希望得到尊敬，也需要得到尊敬。我建议大家首先要关心别人，以此来表达对他们的敬意。你可能通过提问，倾听别人与你分享的自己生活中的故事，珍惜这样的辉煌时刻吧。你很快就会发现自己有足够的理由说出“我尊敬你”。同时，你还可以得到他们的敬意。作为一个受人尊敬的人，你的自信也会大大提升。

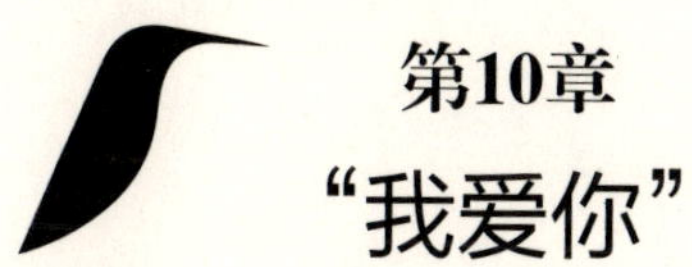

第10章
“我爱你”

爱是最高的信任和信心，是向别人表达感情的最热烈的词语。

爱是无处不在的，我们都需要寻找和培养对工作、婚姻、家庭、朋友和社区的爱。

全心全意地说出“我爱你”三个字具有非凡的魔力。每当我想起我的妻子海伦为我的生活所增添的光彩，我都坚信我们的结合就是上帝的旨意。我们的爱历久弥坚，并且最终传递给了 4 个孩子、他们的伴侣以及 16 个孙辈。

感谢上帝让我和海伦在多年前就表达了对彼此的爱。虽然我们的婚姻已经走过了 60 年，但我们第一次见面时的情景我依然历历在目。当时，我在和一位朋友在大急流城开车经过一条街道的时候，看到了两位迷人的女孩（其中一位就是海伦）正在漫步。我的那位朋友认识她们，因此提议送她们回家。于是，我们首先开车把海伦送回了家，在她下车的时候我向朋友问起她的名字。朋友把海伦的名字和电话号码写在了我的心理学课本上。直到现在，我还保留着扉页上写有海伦名字和电话号码的课本。

后来我打电话约海伦出来，那就是我们的第一次约会。之后，在一个美丽的星期日下午，我还带她去尝试飞行。在那之后不久，海伦和一位朋友的两个女儿在码头散步，正好从我和杰的“健康”号游艇经过，而我又恰恰在游艇上。我请她们三个去海上兜风——其实当时我正要去隔壁码头为游艇加油，但是两个小姑娘非常兴奋，而且海伦也同意了。在那之后，我继续打电话约她出来。在那之后不久我们就订婚了，一年之后，也就是在1953年2月7日，我们举行了婚礼。

后来海伦告诉我，其实第一次见面的时候她觉得我有些傲慢自大。事实上，我母亲也曾警告过她：“你不能对理查太过顺从，因为他的那些‘狄维士基因’会搅得你团团转。”但是海伦说，她发现她曾经认为的我的自以为是其实是自信，而她最初所谓的我的“饶舌”其实是交际的天分。所以，当我们开始彼此相爱的时候，我们就学会欣赏对方的才能了。

海伦一直非常乐观，她总是在鼓励我、支持我。她一直以自己的精神信仰引领我们的婚姻、家族乃至我们的企业。她指导着我们始终坚持自己的价值观、关注生命中最重要的东西。她对其他人非常慷慨，因为她相信“分享”是大家应尽的义务，也是对上帝旨意的遵从。因此，我们的许多慈善项目都来源于海伦的信念。她还是一位非常不错的朋友，她的座右铭是“想要交朋友，首先就必须学会做朋友”。因为她的存在，我们在家里、游艇聚会和旅行时从来都不会缺少彼此欣赏的朋友。

其实，“我爱你”这句威力无穷的话完全可以涵盖本书中其他语句的含义。我们对其他人的感情——不管是浪漫的爱情、家人的亲情，还

> “爱”就是最高的信任和信心，是向别人表达感情的最热烈的词语。

是亲密的友情，都是爱的表现形式。我们必须彼此相爱，爱比“我尊敬你”或者“我相信你”更加温暖。这种表达敬意与感谢的方式更加柔和。“爱”就是最高的信任和信心，是向别人表达感情的最热烈的词语。说出“我爱你”这句话，对于大多数人来说，都是彼此关系的一次升华。

其实，爱不仅指夫妻之爱，我们都需要找出向亲密的人或者重要的人表达爱意的理想方式。

> 如果没有勇气说出“我爱你”这句话，那么拥抱也是个不错的选择。

多年前，我的一位密友就鼓励我坦率地表达爱意，他就是福音影片公司的创始人比利·兹奥理。比利本身就是一个坦率地表达情感的典范。也许和他的意大利血统有关系，比利从来不会因为害羞而止步不前，他总会以热烈的拥抱来欢迎别人。他也鼓励我用这种方式问候别人。后来，我们整个城市似乎都习惯了彼此拥抱。如果没有勇气说出“我爱你”这句话，那么拥抱也是一个不错的选择。

对于我来说，下一步行动就是把这几个字用语言表达出来，于是我开始说“我爱你”。这是家人或者亲密朋友之间经常用到的一句话。

我经常听到孩子们在对话或者电话中说“我爱你”。这虽然只是三个简单的字，却提醒了对方我们的爱一直存在。

后来我开始在便条或者信件中用“来自爱你的我”来代替“来自真诚的我”。我不知道真诚应该是什么意思，但是“爱你”所传达的信息是十分明确的。现在它已经成为我的标志性用语。它表达的是一种私人间的亲密关系，也就是说，即使不签订书面合同，我们也可以相互信任，我一定说到做到，你可以相信我的承诺。这两个字所包含的含义是相当深远的。

我们必须要学会思考自己对别人的情感，将它毫无顾忌地表达出来，也就是说，学会说“我爱你”。爱不仅是夫妻之爱或者恋人间的浪漫之爱，我们需要表达的爱还有许多种。

杰过世之后，我找到了一个大盒子，里面装的都是“二战”期间我在海外服役时他写给我的信。再次重温这些信件后，我把它们都送给了杰的儿子戴维，因为我觉得也许戴维愿意收藏这些信件，而且它们可以帮助戴维更好地了解我和他父亲之间的关系。后来，戴维告诉我自己被这些信件深深地打动了。他说这些信件使他从全新的角度了解了他父亲与我之间的深厚友情。

我记得杰曾经谈到过不同类型的爱——浪漫的爱情、父母与子女之间的爱、兄弟姐妹之间的爱以及朋友之间的爱。杰在信中也向我表达了爱——对我的品行的敬重。在给他“最亲爱的、最铁的兄弟”的信中，杰表达了对一位因为战争而相隔千里的密友的爱。当时我和杰都是刚刚中学毕业、远离家乡，我们都需要知道在世界的某地方有一位亲密的朋友在等待着我们一起回家创业，实现宏图大志。这些信件更加巩固了我对他的信任。后来我们共同创建了安利公司，其实这只不过是我们牢固友谊的延伸罢了。

许多年前我曾经在给杰的生日贺卡中写道：“在过去的25年中，我们曾经有过分歧，但是一些共同的东西使我们一路携手走过。我不知道有没有简单的词语可以描绘它，不过我想‘互相尊重’是个不错的表达，更准确的表达就是‘爱’。”我们之所以能够成为生意伙伴，是因为我们可以互补。杰喜欢待在家里看书，但是我想要劝说他出去参加活动并不难。因此我想在我的帮助下，他变得更具冒险性。我觉得他之所以喜欢我，还因为我可以推动他行动。

同样，我也非常仰慕杰。他是个知识分子，同时也是个有智慧的人，他非常善于学习。他知道的许多事情都是我不知道的，他读过的许多书也是我没有读过的。因此我们可以互补。我们对彼此的仰慕最终促成了我们将彼此作为亲密朋友的爱。

“我爱你”这句话用在孩子身上尤其有效。这三个字可以让他们感觉到安全、温暖和信任。为什么不把它说出来呢？如果这是你的真实情感，那么说出“我爱你”就是这一情感的表现。不幸的是，一些人从来不对孩子或者其他任何人说“我爱你”这句话。这常常是由于他们不愿意表达自己的真实情感，或者不愿意花时间。我们千万不能把这些威力无比的话语闷在心里。也许很多时候我们心里会想：“哦，他真是个了不起的家伙，不是吗？”但是我们没想过要告诉他。从音乐会回到家中，我们也许会说：“真是太精彩了！”我们却没有想到写封感谢信表达我们的快乐。我们必须要把自己的情感写出来或者当面说出来。我们必须要使表达情感成为自己的习惯。

表达爱意的最重要场所就是在家里。我们需要教导孩子们向自己的亲人表达爱意。每当我参加孩子的毕业典礼或者看到孩子离开家独自生活的时候，都会祈祷他们的父母已经向他们灌输了正确的价值观。我希望他们在开始新生活的时候，可以有一个充满爱意的家作为坚实的后盾。

我拥有非常美好的童年和一个感情亲密的家庭。我和家人一起经历了艰难困苦和经济上的窘迫，我们经常缺钱，但是从来不缺少爱。回首往事，在经济大萧条时期和爷爷奶奶一起生活真是一件幸事，这使我们的关系更加亲密，也让我有机会接触到两代人的智慧和行为榜样。

家庭是我们的信念和价值观的基础。我的父母与祖父母教育我要相信上帝，现在这仍然是我生活的中心。我的家庭还培养了我对国家和自由的热爱。我的家就是美国梦的孵化器。我非常幸运能够拥有这样的父母，他们给了我自信，让我可以抓住国家所提供的无限机会。教导你的孙子孙女们生活的基本要素吧，告诉他们你的价值观，告诉他们什么是正确的，什么是错误的。言传身教，以身作则吧，把你的宝贵生活经验传授给他们。营造坚实的家庭基础的确很不容易，但是它的意义是非常深远的，因为毕竟我们灌输给每一代人的信念和价值观都是美好生活和道德社会的核心。

虽然我童年时家庭并不富裕，但我很快乐，现在我仍然是一个快乐的人，我的财富没有让我比在经济大萧条时更加幸福，因为让我感到幸福的是来自家庭的爱。在结婚60年之后，我更加珍视妻子的陪伴。我对自己的4个孩子、他们的伴侣以及他们所创造的美满家庭感到无比自豪。我和海伦非常喜欢看着孙子孙女们慢慢长大，也希望能够早点看到他们成熟，撑起自己的一片天空。我们每天都为他们祈祷——为他们每一个人祈祷。

大家都非常熟悉家庭之爱，我希望我们也都能够欣赏到另外一种家庭和亲密友情之外的爱。你可能狂热地爱恋某人，这与你对孩子的爱可能有所不同。你甚至还可以爱自己的医生，因为他也为你付出了很多。我爱我的心脏病医生里克·麦克纳马拉，而且敢于毫不犹豫地告诉他。他医术精湛而且对我非常关心，因此我爱他。我们也可以爱自己的朋友。我在前面曾经提到过，“我爱你”是我们家的流行语，但是现在这句话也开始从我的朋友们的口中说出来了。比如，一位在田纳西州做生意的朋友每次在挂断电话之前都会说“我爱你”三个字。所以，朋友之间也可以有另外一种爱——尊敬和仰慕之爱。爱的形式在不同人之间是不同的。

我们甚至还可以热爱生命中具有特殊意义的时间或地方。即使在毕业几十年后，我们中的许多人都仍然会爱着自己的中学或大学。我可以摸着良心说，我仍然热爱自己的中学并且感谢那里的老师和温暖、向上的氛围，这是我让受益终身的财富。我和海伦还帮助我的母校大急流市基督教中学建立了狄维士艺术中心和礼拜堂。在此之前，基督教中学的学生们没有进行宗教活动、玩耍或者演出的场所。学校的剧团和音乐节目都很棒，可惜表演场所设备陈旧、拥挤不堪。由于我们的贡献和社区的慷慨解囊，学生们终于可以享受漂亮的礼堂、更衣室和排练厅了。现在他们的才华可以得到尽情的施展了，新建筑本身就是对他们才能的认可。他们的家庭和社区也会因此而受益。

对于我来说，看到自己可以为母校的学生送上这样一个礼物真是百感交集。在艺术与宗教中心的大厅里还摆着杰的A型车的复制品，也就是他带我上学放学、我们一起憧憬共同创业时所开的那辆车。我永远也无法报答这所学校和教我的老师们（他们对我产生的影响是根深蒂固的），看到学校的传统仍在延续、未来的领导者将从这里启航，我备感幸运，也大受鼓舞。

我还坚信充满爱意的社区同样不可或缺，而且幸运的是，我就生活在这样的社区中。2007年年初，有人请我为一本画册《西密歇根印象》写文字说明。这类书主要介绍美国的一些社区，介绍当地的自然景观、度假胜地、商业和艺术。我在说明文字中阐述了自己热爱西密歇根的理由，其中包括利于航行的水域、友好的小城市以及为我们提供生机、提高生活质量的企业家。你也许会说这些书展示的是社区自豪感，但我更愿意说它们表达的是爱。

20世纪70年代，市民和企业都开始迁往郊区，大急流城市区的发展形势非常严峻。当时大家建议在大急流城郊区新建一个酒店，但是我和杰决定在大急流城市区改建一个酒店，因为这里是我们的家乡，是我们的心归属的地方，我们爱它。这一决定拉开了大急流城市区重生的序幕——直到今天这种重建仍在继续。现在还有人感谢我对社区的投资，因为当时我们完全有理由不这么做。郊区的确对我们的企业很重要，但是我们首先关心的还是大急流城。从企业投资的角度来看，我们在这里生根发芽。其实我们曾经考虑在密歇根之外的地方建设一个大型配送中心，甚至进行了全国性的调查，而且研究了在南部各州的税率和建厂优势。但最终我们还是选择留在这里，因为这里是我们的家。

回顾这个决定和在大急流城投资的其他项目，我不禁为有机会使我们的家乡变得更加美好而感到身心舒畅。外面的世界很广阔，有丑恶也有美好，但是我们的任务是使自己的家乡变得更美好。这里是我们可以培养积极态度、创造就业机会、帮助邻居、号召朋友共同努力改善社区的地方。我们社区的许多项目都离不开经济的推动，但是我相信另一个推动力就是我们对家乡的爱。大多数人选择留在自己成长的城市就是源自对家乡的爱。而且，正因为爱家乡，我们才希望孩子们能获得高质量的教育，市民可以享受高质量的医疗服务。我们爱家乡是因为这里有我们建立的友谊，有我们结婚时的教堂，有我们庆祝家族盛事的酒店，而且它承载了我们漫步街头时的感觉。上帝要求我们爱邻居、爱自己，这样的社区才有可能是我们真正乐意居住的。

我热爱自己创建和拥有的企业。我热爱杰和我在地下仓库狭小的办公室中创办并逐渐发展起来的安利事业，因为它现在为世界各地的人带来了收入和希望。安利公司是一个家族企业，奥兰多魔术队也是如此。我们家的成员现在仍在管理安利的日常事务，因为我们爱自己的企业、爱自己的工作。我一直热爱自己的工作，因此感觉自己似乎从来没有疲惫过。我从来没有厌恶上班，因为在我看来这并不是工作，而是美好的体验，即使在那些阴霾遍布的日子里也是如此。

我从来没有厌恶上班，因为在我看来这并不是工作，而是美好的体验，即使在那些阴霾遍布的日子里也是如此。

我还相信我们必须以更热烈的方式表达对国家的爱。我和海伦为美国国家宪法中心捐资修建了一个展览厅。位于费城的美国国家宪法中心是在 2003 年 7 月 4 日开放的，是第一个纪念和解释美国宪法的博物馆。我们希望现在的年轻人和我们的后代能够了解我们这个自由社会的框架，以及为自由事业献身的先辈。“二战”期间我曾服役于美国陆军，当时数以千计的年轻人为我们现在所享受到的自由献出了自己宝贵的生命。战争结束后，我们坚信，美国一定能够达成任何想要实现的目标。因此我为美国的民主和自由经济体系而歌唱。安利公司的名字（Amway）就来源于“美国道路”（American Way），因为我们相信人们都希望能够自由地拥有自己的事业。我不否认我们的国家也存在许多问题，历史上也有过许多污点，但是我绝不会因自己的爱国热情而感到羞愧。在美国，许多移民都为自己能够取得美国公民的身份感到自豪，市民在向国旗敬礼或者高声唱国歌的时候也不会感到尴尬。我们尊敬美国总统，即使我们不赞同他颁布的所有政策或支持他所属的政党。如果我们真的希望建设一个乐观的社会，那么我们需要发自内心地热爱美国人民、热爱我们的祖国、热爱民主政策以及热爱为我们赢得自由和经济强国地位的“我们可以做到”的态度。

爱是无处不在的。我们都需要寻找和培养对婚姻、家庭、朋友和社区的爱。千万不要把“我爱你”闷在心里，事后再悔恨不已。抓住每个机会，真心实意地向你所爱之人表达“我爱你”吧，向你仰慕或欣赏的人说出“我爱你”吧。如果这些都有难度，那至少给别人一个拥抱——热烈的拥抱！

> 抓住每个机会，真心实意地向你所爱之人表达“我爱你”吧，向你仰慕或欣赏的人说出“我爱你”吧。

让我们全心全意地说出“我爱你”这句话。有了它和本书中的其他话语，我们一定能使自己的家庭、社区和世界变得更加美好。

致谢

我希望在本书中能够向所有对我的生活产生过积极影响的人表达谢意，同时我也要对以下几位表示特别感谢：我的妻子海伦，她是一位积极的合作伙伴，是本书出色的编辑；我的孩子以及他们各自的伴侣——狄克和贝茜、丹和帕梅拉、鲍勃和雪莉、德和玛丽亚，感谢他们一直以来的支持；马克·朗斯特里特，是他帮助我把想法变成文字的；金·布鲁恩，感谢她坚持鼓励我写作，并给予我从始至终的指导。